KB071872

아이를 위한 하루 한 줄 인문학

한 그루의 나무가 모여 푸른 숲을 이루듯이
청림의 책들은 삶을 풍요롭게 합니다.

내면의 힘이 탄탄한 아이를 만드는 인생 문장 100

아이를 위한 하루 한 줄 인문학

김종원 지음

청림Life

개정판 서문

세월이 흘러도 변하지 않는 인문학의 가치에 대하여

《아이를 위한 하루 한 줄 인문학》을 출간한 지 벌써 5년의 시간이 지났습니다. 개정판을 내기 위해 본문에 조금 변화를 주려고 한 달의 시간을 내서 천천히 읽어보았습니다. 읽기 전에는 생각이 참 많았습니다. 이것도 넣고 싶고, 저것도 넣고 싶었죠. 하지만 한 달 동안 집중해서 읽은 후에 내린 결론은 전혀 다른 것이었습니다.

"지금 이대로 충분하다."

이건 결코 자만에서 나온 말이 아닙니다. 결국 인문학의 본질은 '세월이 아무리 흘러도 변하지 않는 가치'에 있는 것이니까요. 5년 전 이 책을 냈을 때, 이미 그 안에 제가 10년 가까이 연구하며 삶에서 찾아낸, 아이 삶에 필요한 모든 인문학의 가치를 넣었으니 그걸로 충분한 것이었습니다. 다만 저는 '사랑'을 다시 한번 강조하고 싶습니다. 교육이란 결국 사랑하는 마음을 전하는 일이니까요. 최근에 쓴 '선배 엄마들이 아이가 어렸을 때를 그리워하는 이유'라는 글을 소개하며 그 사랑이 무엇이며 어떤 가치가 있는지를 여러분들께 전하고 싶습니다. 시를 읽듯 차분하게 읽어주세요.

그 시절 나는 아이 앞에서 왜 화만 내면서,
작은 네 마음 아프게만 했을까?
너와 어릴 때 놀았던 놀이터를 지날 때면
언제나 그 아름다웠던 시절 생각이 나.
아장아장 걷는 작은 너를 바라보며
"대체 넌 언제 크냐?"라고 말하던,
봄날처럼 빛나는 시절이 내게도 있었지.
그때는 그 빛이 봄이라는 사실을
나는 왜 바보처럼 하나도 몰랐을까?
그저 시간이 빨리 지나가기만 바랐을까?

다시 돌아갈 수 없는 그 시간과 공간,
눈을 감아도 보이는 너와의 추억.
동네 골목을 지나가다가 그 시절 너처럼
작은 아이가 부모님께 혼나는 모습만 봐도,
화를 참지 못하고 너를 혼내던 내 모습이 생각이 나.
그때 난 왜 그렇게 널 혼냈던 걸까?
잘하려고 그러던 너를 왜 아프게 하고,

일어서려던 너를 빠르게 움직이지 않는다고
남들보다 느리다고 왜 타박하기만 했을까.

이제 내가 안을 수 없을 정도로 커버린 너,
같은 침대에서 같이 잘 수 없게 된 너,
내 품에 꼬옥 안기던 작은 네가 그립다.
그 숨소리, 향기, 작은 움직임까지도….
내게 혼나는 그 순간순간마다
뒤돌아서서 너 얼마나 아파했을까.
상상만 해도 가슴이 답답해서 터질 것만 같아.
그 작은 가슴이 얼마나 뛰고 힘들었을까.

가끔 새벽에 그때 그 시절 너를 꿈에서 만나서
반가운 마음에 달려다가가 깨어나곤 해.
그 시절의 네가 얼마나 그리웠으면
다시 돌아가 더 잘해주고 싶다고,
이번에는 덜 화내고 더 사랑하고 싶다고,
그렇게 새벽에 깨어나 혼자 울기도 하지.
내게서 온종일 떨어지지 않고 붙어서 살았던 너를
'엄마 껌딱지'라고 부를 수 있다는 사실이
얼마나 행복한 일인지 나 이제야 비로소 알겠어.

그때는 네가 이렇게 빨리 클지 몰랐지.

그저 하루하루 사는 게 너무 힘들어서,
아무것도 몰라주는 네가 가끔 미웠고,
어디론가 도망가고 싶은 마음도
미안하지만 아주 가끔 들었단다.
내 인생은 어디에 있는 걸까?
이 모든 게 사라지는 게 아닐까 생각했지.
그런데 그게 아니었어.
나를 스친 시간은 그대로 너에게 가서
네 눈동자와 마음에 그대로 쌓였으니까.
너를 보면 마치 거기에 내가 있는 것 같아.

빠듯한 살림이지만 아끼고 또 아껴서라도
너에게 조금 더 잘해주고 싶었는데,
그땐 나도 어쩔 수가 없었단다.
미안해, 정말 미안해.
사랑해도 그 마음만으로 충분하지 않더라.
나도 부모가 처음이라 많이 두렵고 아팠어.
최선을 다했는데 왜 이렇게 또 자꾸만
미안하고 또 후회가 되는 걸까?

시간을 돌려 그 시절로 돌아갈 수 있다면
우리 하루종일 출석하듯 드나들던 그 놀이터에서
네가 지쳐서 집에 가자고 할 때까지 놀아보자.

내가 정말 약속할게.
이번에는 집에 가자고 재촉하지 않을 거야.
그리고 밤에도 빨리 자라고 재촉하지 않을게,
네가 지쳐서 잠들 때까지 옆에 누워서
예쁜 네 미소 마음에 담고 있을게.
너는 네가 잠들고 싶을 때 편안하게 자면 돼.

정말 미안해,
사랑스러운 내 단 하나의 보물.
내가 태어나서 가장 잘 한 일,
내 삶에서 가장 자랑스러운 일은
너를 만나서 어린 시절을 함께 보낸 일이지.
할 수 있다면 흐르는 세월을 붙잡고 싶은데,
이제는 조금 천천히 크렴.
조금 더 오래 지켜볼 수 있도록.
조금만 더 오랫동안 사랑할 수 있게.

여러분 어떤가요? 마음이 아프시죠. 만약 아이를 다 키운 선배 엄마가 이 글을 읽었다면 아마 눈물을 참기 힘들 겁니다. 그 시절을 생각하면 괜히 눈물만 흐르지요. 아이에게 아무리 잘해줘도 늘 충분하지 않게 느껴지니까요. 어쩌겠어요, 사랑하기 때문인걸요. 그러니 우리 늘 기억해요, 언제나 오늘이 사랑하기 가장 좋은 때입니다. 물론 그 시절은 그 시절대로, 지금은 지금대로 모두 아름답다고 생각할 수도 있습니다. 저도 그렇게 생각합니다. 다만, 제가 이 글을 소개하는 이유는 후회할 선택을 하지 말자는 데 있습니다. 이 책을 통해 여러분은 좀 더 현명한 선택을 하고 아이에게 사랑이 될 수 있는 것만 줄 수 있을 것입니다. 아이의 삶은 이전보다 아름다워지며, 내면은 탄탄해지겠죠.

그러니 이제 아무것도 걱정하지 마세요. 부모 가슴에 뜨겁게 끓는 사랑 의 온기가 아이에게 전해지는 순간, 비로소 세상에서 가장 완벽한 교육이 시작됩니다. 때를 놓치면 남는 건 후회뿐입니다. 지금 사랑하고 안아주세요. 이 순간은 결코 다시 오지 않습니다.

김종원

프롤로그

'하루 한 줄 인문학'으로 완성하는 아이의 근사한 인생

프랑스에는 '바칼로레아baccalaureate'라는 시험이 있다. 대학에 가려는 학생들이 거쳐야 하는 '논술형 대입자격시험'인데, 교육에 관심이 있는 사람이라면 대부분 알고 있을 정도로 유명한 제도다. 다수의 사람들이 바칼로레아 문제를 보며 "어른도 풀기 힘든 수준이다"라고 말할 정도로 만만한 수준은 아니다.

나는 이 말에 대해 조금 다르게 생각한다. 어른, 즉 '나이'가 문제를 해결할 가능성을 높이는 기준이 될 수 없다고 생각하기 때문이다. 이름만 대면 아는 저명한 대학교수나 주변에서 지적인 사람이라고 인정받는 사람에게도 바칼로레아는 풀기 어려운 문제일 수 있다. 반면에 이제 막 고등학생이 된 청소년이 그들보다 멋진 답을 낼 가능성도 분명 있다. 바칼로레아의 핵심은 나이와 지적 수준이 아니라, '사랑과 행복, 그리고 인생의 목적을 제대로 알고 있느냐?'에 달려 있기 때문이다. 바칼로레아에 출제된 문제를 살펴보면 그 이유를 더욱 잘 알 수 있다.

'무엇을 비인간적인 행위라고 생각하는가?'
'스스로 인식하지 못하는 행복이 가능한가?'
'일시적이고 순간적인 것에도 가치가 존재하는가?'
'사랑이 의무일 수 있는가?'
'어디에서 정신의 자유를 알아차릴 수 있는가?'
'예술 작품은 반드시 아름다운가?'
'철학이 세상을 바꿀 수 있는가?'
'자연을 모델로 삼는 것이 어느 분야에서 가장 적합한가?'

인문, 과학, 예술, 정치 등 다양한 분야에 대한 질문이지만, 이 중심에는 공통적으로 겹치는 키워드가 있다. 모든 문제의 본질은 앞서 언급한 '사랑과 행복, 그리고 인생의 목적을 제대로 알고 있는가?'에 달려 있다. 이 세 가지에 대해 제대로 알고 있는 사람은 어떤 문제 앞에서도 자기 생각을 제대로 표현할 수 있다. 하지만 그것에 대한 확고한 자기 생각이 없는 사람은 아무리 많은 것을 배워도 문제 앞에서 작아질 수밖에 없다. '어렵다'와 '쉽다'의 문제가 아니라, '알고 있는가'와 '모르는가'에 대한 문제이기 때문이다.

나는 앞서 《부모 인문학 수업》이란 책에서 인문학이란 결국 아이를 향한 사랑이고, 그 사랑을 느낀 아이의 부모를 향한 행복의 합이라고 말했다. 부모가 일상에서 사랑을 실천하고 아이가 매순간 행복을 느낀다면, 그 가족은 어떤 세찬 바람에도 흔들리지 않는 중심을 잡고 삶의 목적을 아는 가정을 꾸릴 수 있다. 이 사실만 기억한다면 앞서 제시한 바칼로레아에 나온 문제를 힘들지 않게 풀 수 있을 것이다. 책을 통해 풀 수 있는 모든 역량을 갖춘 상태이기 때문이다.

다양한 곳에서 아이를 위한 인문학 교육을 시켜주겠다고 말하지만, 정작 인문학의 힘과 가능성에 확신을 가진 부모는 드물다. 부모가 인문학을 제대로 공부한 적이 없기 때문이다. 그래서 나는《부모 인문학 수업》을 썼다. 이 책을 통해 부모가 인문학 교육의 힘과 필요성을 알고 아이와 함께 인문학을 나누기를 바라는 마음으로《아이를 위한 하루 한 줄 인문학》을 세상에 내놓게 되었다.

'하루 한 줄 인문학'은 아이에게 도움이 되는 '인생 문장'을 부모와 아이가 함께 읽고, 쓰면서 떠오른 느낌을 말하는 교육이다. 여기에서 말하는 '쓰기'란 '문장 필사'를 의미한다. 내가 인문학을 배우는 과정의 주제로 필사를 선택한 이유는 '인문학은 원래 혼자 하는 것'이기 때문이다. 혼자 인문학을 배우고 그것을 실천하려 할 때 비로소 나의 것이 된다. 부모들은 아이가 혼자 인문학을 배우지 못할까 두려워 인문학 여행도 보내고, 교육 전문가들에게 각종 조언도 구하러 다닌다. 하지만 인문학 교육은 부모가 아닌 아이가 주체가 되어야 한다. 아이 혼자 시작하고 혼자 끝내야 한다. 그러므로 인문학을 배울 가장 좋은 방법은 바로 필사다.

아이들은 인생 문장을 읽고 쓰고 말하는 활동을 통해 인문학에서 배울 수 있는 가르침을 가장 쉽고 간단하게 배울 수 있다. 이 책 한 권이면 세상을 느낄 수 있는 모든 감각을 단련할 수 있으며, 말하기와 쓰기, 그리고 듣기 등 인간에게 주어진 모든 경쟁력을 최고 수준으로 끌어올릴 수 있다. 어떤 공부와 시련이 와도 두렵지 않은 아이로 성장하게 될 것이다.

이 책은 총 5장으로 나뉘어져 있다. 각각의 모든 챕터들 속에는 아이를 위한 인문학 교육 지식과 태도를 담은 '도입글', 부모와 아이가 함께 읽고 쓰는 '하루 한 줄 인생 문장 필사', 인생 문장이 주는 가르침을 아이와 나누는 '부모의 교육 포인트'로 코너가 구성되어 있다.

1부 '도약 준비 : 다지고 세운다'에서는 하루 한 줄 인문학을 위한 기초 체력을 기르는 시간이 될 것이다. **2부 '인풋 쌓기 : 보고 느낀다'**에서는 인간에게 주어진 '시각'이라는 최고의 경쟁력을 가장 효율적으로 사용하는 방법, 그리고 '사색'을 통해 내면의 힘, 사고력, 창의력 등을 기르는 방법을 알려준다. **3부 '아웃풋 끌어올리기 : 제대로 말하고 쓰고 듣는다'**에서는 앞으로 AI 시대를 제대로 사는 데 필요한 말하기와 글쓰기에 대한 내용, 표현력을 기르는 방법이 담겨 있다. **4부 '뛰어넘기 : 자기주도적으로 선택하고 도전한다'**에서는 지금까지 쌓은 지적 기초 체력과 세상을 바라보는 시각의 힘, 그리고 언어적인 재능을 바탕으로 효율적으로 선택하는 방법과 도전 정신을 배운다. **마지막 5부 '마음 내공 다지기 : 배우고 연결한다'**에서는 하나를 배워 열을 깨우치는 방법, 전혀 다른 것들을 연결하여 나만의 것을 만들어내는 능력을 전파할 예정이다.

인문학이란 어렵고 대단한 것이 아니다. 삶에서 실천할 수 있는 것을 배우고, 그것을 실제로 일상에서 실천하며 사는 것. 이것이 바로 인문학적인 삶이다. '하루 한 줄, 인문학 문장을 읽고 쓰고 말하는 것'만으로도 충분하다. 내 아이를 위해 10분만 투자하면, 모든 상황이 긍정적으로 바뀔 것이다. 인문학의 꽃은 '멈추지 않는 지적인 도전'이다. 이 책을 읽은 부모들과 그들의 아이들이 근사한 미래를 만들어나갈 수 있기를 바란다.

'하루 한 줄 인문학 필사 노트' 활용하기

1 필사 노트 파일은 어디에서 받을 수 있나요?

① 왼쪽 QR코드에 접속해서 양식을 다운로드해요.
② 출력해서 노트로 만들 수 있어요.

2 필사 노트는 어떻게 활용하나요?

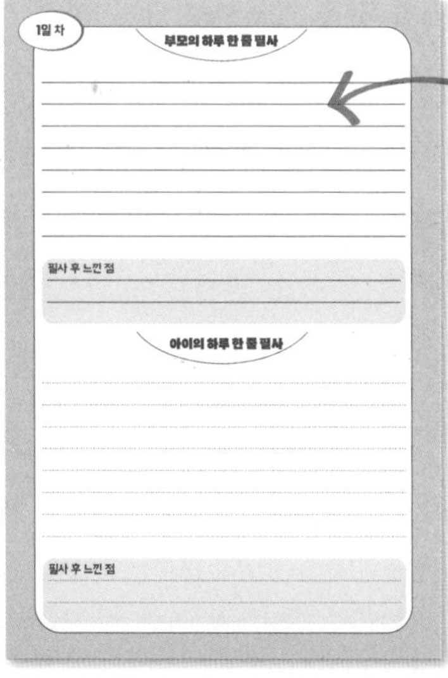

하루에 한 줄씩, 인문학 필사 노트

① 부모와 아이가 함께 하루에 한 줄씩, 책 속 '인생 문장'을 필사해요.
② 필사 후 느낀 점을 적고, 이야기해보세요.

《아이를 위한 하루 한 줄 인문학》 독자분들께
부모와 아이가 함께 쓸 수 있는
'하루 한 줄 인문학 필사 노트'를 PDF 파일로 제공해드립니다.

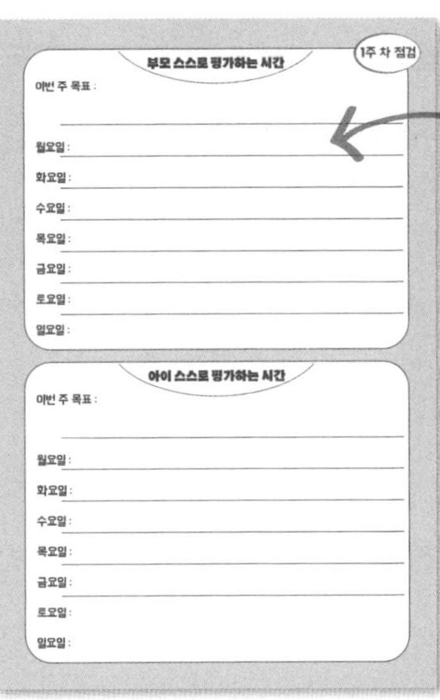
부모 스스로 평가하는 시간

1주 차 점검

이번 주 목표 :

월요일 :
화요일 :
수요일 :
목요일 :
금요일 :
토요일 :
일요일 :

아이 스스로 평가하는 시간

이번 주 목표 :

월요일 :
화요일 :
수요일 :
목요일 :
금요일 :
토요일 :
일요일 :

일주일에 한 번씩, 자기 자신을 스스로 평가하는 시간

① 이번 주 목표가 무엇이었나요?
② 매일매일 필사를 잘 실천했는지, 필사를 통해 얻은 가르침을 행동으로 옮겼는지 점검해요.

나의 변화 기록지

한 달 간의 인문학 문장 필사를 통해 여러분은 무엇을 느꼈나요? 하루 한 줄 인문학 필사는 자존감을 높여주고, 그만큼 타인을 더 잘 이해하고 사랑할 수 있도록 이끌어줍니다. 나에게 일어난 필사 전후의 변화를 떠올리며, 아래의 기록지를 자유롭게 써봅시다.

내가 읽고 싶은 책(혹은 읽고 있는 책)

내가 가고 싶은 곳(나라, 도시 등)

내가 듣고 싶은 음악(혹은 듣고 있는 음악)

내가 보고 싶은 영화

한 달에 한 번씩, 나의 변화 기록지

① 아이와 함께 필사 전후의 변화를 생각하고 자유롭게 써보세요.
② 내가 어떤 사람인지 탐구하는 시간을 통해 건강한 자존감을 만들어요.

차례

1부 | 도약 준비
다지고 세운다

2부 | 인풋 쌓기
보고 느낀다

3부 | 아웃풋 끌어올리기
제대로 말하고 쓰고 듣는다

4부 | 뛰어넘기
자기 주도적으로 선택하고 도전한다

5부 | 마음 내공 다지기
배우고 연결한다

1부

도약 준비

다지고 세운다

자신의 장점과 가능성을 제대로 파악하는 아이

"'저희 나라'가 아니라 '우리나라'가 맞는 말입니다."

한 방송국의 라디오 부스에 들어가면 가장 먼저 보이는 문구다. 수도 없이 많이 듣는 지적인데도 많은 사람이 고치기 어려워하는 습관 중 하나다. 나는 문구를 보고 생각에 빠졌다.

"왜 우리는 '저희'라는 말에 익숙할까?"

"왜 아무리 말해도 바뀌지 않을까?"

"어떻게 해야 바꿀 수 있을까?"

'저희'라는 표현은 심각하게 겸손한 표현이다. 자신감이 느껴지지 않는 표현이라고 할 수 있다. 그 불행의 늪에 빠지지 않게 해야 한다. 나는《부모 인문학 수업》의 집필을 위한 연구를 시작한 2007년부터 그 이유를 분석했다. 그리고 시대를 이끈 대가들의 삶을 통해 내 아이를 '저희의 늪'에서 빠져나올 수 있게 할 세 가지 방법을 찾아냈다.

1. 아이가 주체적으로 무언가를 시작하게 하자

내가 "하루 4시간 사색으로 삶을 바꿀 수 있다"라고 말하면 사람들은 바로 구체적 방법을 묻는다. 사실 그렇게 묻는 사람 중 90% 이상은 내가 제시한 방법을 실천하지 않는다. 언제나 '묻기만' 하고 실천하지 않는 사람들이 있다. 실천하는 사람은 그 자리에서는 묻지 않는다. 왜냐하면 질문하기 위해서는 스스로 실천해본 경험이 필요하기 때문이다. 그래서 경험에서 비롯된 질문은 구체적이다. 구체적인 질문을 하지 못하는 이유는 공부를 덜했기 때문이 아니라 경험을 하지 않았기 때문이다. "하루 4시간 사색을 실천하고 있는데, 학업과 병행하는 부분에서 좀 힘듭니다" "가족과 얽힌 문제는 어떻게 해결할 수 있나요?" 등의 구체적인 질문을 하면, 답변도 구체적일 수밖에 없다.

주체적인 아이가 되는 최고의 비결은 공부로 쌓은 지식이 아니라 '실천하며 쌓는 경험'에 있다는 사실을 기억하자. 아이들에게 경험할 기회를 주고 싶다면 실생활에서 쉽게 접할 수 있는 활동으로 선택하는 것이 좋다. 예를 들어 아이들에게 정리의 소중함을 경험하게 하고 싶다면, 라면이나 과자 등을 보관하는 장소 정리를 주도할 수 있도록 하자. 아이들이 좋아하는 장소이기 때문에 호감을 가지고 접근할 수 있기 때문이다. 또 아이들이 좋아하는 취미나 특기를 활용해서 스스로 무언가를 주도하도록 하라. 그 과정을 통해 구체적인 질문을 창조할 수 있고, 자신의 존재를 세상에 주장할 수 있게 될 것이다.

2. 분명한 선택의 기준을 갖춘 아이로 키우자

"냉동 만두를 냉장에 보관해야 하나요? 냉동에 넣어도 될까요?"

"김치를 당일에 먹어야 하나요? 1주일 후에 먹어도 되나요?"

"표기는 2인분이라고 쓰여 있는데, 혹시 3명이 먹을 수는 없나요?"

식재료를 파는 온라인 문의 게시판에 자주 등장하는 질문들이다. 간혹 보관법이나 조리법에 대해 분명한 기준을 잡을 수 없는 음식도 있지만, 대개 스스로 생각할 수 있다면 시작도 하지 않았을 질문 중 하나다. 어떤 상황에서 무언가를 선택할 때 그것을 선택할 수 있는 기준이 분명히 서지 않는 사람은 늘 이런 식으로 타인의 선택과 결정에 의지할 수밖에 없다. 물론 그들은 결과도 책임지지 않는다. 스스로 선택하지 않았기 때문에 결과가 만족스럽지 않으면 대신 선택해준 사람에게 모든 책임을 돌린다.

아무것도 책임지지 않는 삶은 '죽은 삶'이다. 죽은 삶에서 벗어나고 싶다면, '좋아하는 것'과 '싫어하는 것'이 반드시 있어야 한다. 싫어하는 것이 있다는 것은 '자기 기호'가 있다는 증거다. 대부분의 사람들은 자신이 좋아하는 것과 싫어하는 것을 정말 쉽게 구분할 수 있다고 생각하지만, 정작 "자신이 좋아하는 것과 싫어하는 것을 종이에 쓰라" 하면 쉽게 쓰지 못할 때가 많다. 좋아하는 것과 싫어하는 것에 대해 깊게 생각해본 적이 없기 때문이다.

자신의 기호를 잘 아는 아이는 일기 쓰기를 놀이처럼 즐길 수 있다.

일기의 중요성은 매우 잘 알고 있지만, '왜 아이들이 일기 쓰는 걸 좋아하지 않는지'에 대해서는 잘 모르는 부모들이 많다. 이유는 간단하다. 아이가 자신이 무엇을 좋아하는지 잘 모르기 때문이다. 그것을 알면 일기를 금방 쓸 수 있으며, 놀이처럼 즐길 수 있다.

아이와 함께 '나의 기호 노트'를 만들자. 1주일에 1회 10분 정도 시간을 내어 좋아하는 것을 하나 적고 그 이유에 대해 써보자. 반대로 싫어하는 것도 하나 적고 그 이유에 대해서도 써야 한다. 그리고 기록한 날짜를 반드시 적는 것이 좋다. 자료가 모이면 그 자체로 아이가 좋아하는 것과 싫어하는 것들이 모인 '정신적 기록'이 된다. 이 작업을 반복하며 아이는 자신이 좋아하고 싫어하는 것이 무엇인지 알 수 있고 그 이유도 확실히 인지할 수 있다. 그럼 나중에 수많은 선택지 앞에서도 자신이 원하는 것을 자신 있게 고를 수 있게 된다.

3. 서툰 겸손은 아이를 망친다

여기 구직자 2명이 있다. 비슷한 능력과 재능을 가진 사람들인데, 결정적으로 다른 부분이 하나 있다. 그들이 자신을 소개하는 글을 보면 그 차이를 알 수 있다.

'저는 기획하는 것을 좋아합니다. 특히 30대 여성을 분석하고 시장의 요구를 파악하여 그들에게 맞는 제품을 기획하는 데 능합니다.'

'저는 기획을 배우고 있습니다. 그런데 아직 부족합니다. 잘할 수 있을지 모르겠지만, 가르쳐주시면 열심히 배우겠습니다.'

당신이 채용 담당자라면 누굴 선택할 것인가?

인생은 끊임없는 구직의 반복이다. 꼭 입사하는 것만이 구직은 아니다. 무언가를 만들고 시장에 파는 행위 자체도 구직의 과정 중 하나라고 볼 수 있다. 초보에게 겸손은 오히려 '자만'이다. 자신이 가지고 있는 것들을 모두 자랑해도 평균 이하의 능력을 가진 사람이 "저는 부족합니다"라고 말하며, 그나마 조금이라도 할 줄 아는 부분을 언급하지 않는 것은 스스로 자기 인생을 망치는 일이다.

괴테, 칸트, 쇼펜하우어 등 사유의 진수를 세상에 전파한 대가들은 언제나 자신이 가장 잘할 수 있는 분야와 재능의 가치, 미래 계획에 대해 정확하게 표현하며 살았다. 혹자는 "겸손하지 않은 게 아니냐?"고 질문한다. 그때마다 그들의 삶은 이렇게 대답해준다.

"저는 겸손할 만큼 대단하지 않습니다."

"나는 내가 아무것도 모른다는 것을 안다"라는 소크라테스의 말은 사실 겸손이 아닌, '자기 자신이 얼마만큼 알고 있다는 것을 제대로 파악하고 있는 지성인 수준'에 도달한 사람만이 할 수 있는 표현이다. 겸손은 미덕이다. 하지만 이것은 대가의 상황에 해당한다. 우리 아이들의 경우와는 다르다.

어떻게 하면 자신이 얼마만큼 알고 있는지, 혹은 가지고 있는지 제대로 파악하는 아이로 키울 수 있을까? 먼저 아이에게 저축을 시켜보자. 그런데 보통의 저축과는 방법이 다르다. 시중 은행에 저축하는 것도, 돼지 저금통에 저축하는 것도 아니다. 아이의 눈에 잘 띄는 곳에 넓은 통 하나를 두고 동전만 모으도록 해보자. 이를 통해 아이는 자신이 지금 동전을 어느 정도 가졌는지도, 금액이 얼마인지도 정확하게 파악할 수 있다. 1주일에 한 번씩, 모은 금액을 따로 적게 해서 저축액을 파악할 수 있게 하면 좋다. 지금까지 모은 돈의 정확한 금액을 알아야, 자신이 그걸 어떻게 얻었고, 모은 돈으로 앞으로 무엇을 할 수 있는지 가늠할 수 있게 된다. 아이가 가진 최소한의 가능성과 미래 가치를 높이고 싶다면 바로 시작하자.

앞서 세 가지 사항을 강조했지만 가장 중요한 것은 겸손의 의미를 제대로 아는 것이다. 세상의 달인들은 언제나 이렇게 말한다.

"떡볶이 하나 만드는 것도 정말 어렵습니다."

"단무지 하나에 담긴 정성이 손님의 기분을 좌우합니다."

겸손은 그들의 몫이다. 적절한 겸손은 미덕이자 초심을 지키는 힘이지만, 서툰 겸손은 자만이자 인생을 망치는 독이다. 아이들은 모든 면에서 부족할 수밖에 없다. 아직 다양한 경험을 하지 못했기 때문이다. 그러므로 더더욱 아이가 '나는 할 수 없다'라는 생각에 매몰되지 않도록 주의해야 한다.

아이가 '나는 어리니까 할 줄 아는 게 없지'라는 생각을 하지 못하게 하려면, 부모는 어떻게 해야 할까? '나는 지금 무엇을 할 수 있는가?'에 대한 질문을 아이가 멈추지 않도록 이끌어야 한다. "저는 종이 자르기를 잘해요" "신발 정리는 제가 최고예요!"라는 식의 대답이 바로 나올 수 있어야 한다. 함부로 겸손하지 말자. 서툰 겸손은 나약한 자존감을 만들고, '우리'라는 틀에 갇혀 영영 '나'라는 존재를 모르고 살게 만든다.

청소년 범죄로부터 아이를 보호하는 방법

많은 부모가 글쓰기 능력의 중요성을 잘 알고 있다. 글쓰기는 단순하게 글로 끝나는 게 아니라, 말과 삶으로 바로 연결이 되기 때문이다. 불행하게도 세상에는 글을 제대로 쓰지 못하는 사람이 많다. '건강하지 못한 글'의 공통점은 '구성'과 '연결'이 엉망이라는 데 있는데, 글을 쓴 사람의 인생을 들여다보면 인생의 구성과 연결 역시 글처럼 망가져 있다. 그들이 아무리 많이 배워도 제대로 자기 생각을 글로 표현하지 못하는 이유는, 상처받은 마음이 글 속에 그대로 표현되기 때문이다.

마음이 건강한 모든 아이가 글을 제대로 쓰는 것은 아니지만, 최소한 마음을 다친 아이는 제대로 글을 쓸 확률이 희박하다. 부모가 일상에서 아이들에게 최대한 많은 사랑을 전해야 하는 이유가 바로 여기에 있다. 99개의 이득을 주기 위해 아이 마음에 하나의 상처를 내야 한다면, 과감하게 99개의 이득을 포기하는 것이 아이를 위해서도 좋다. 아이 입장에서는 하나의 상처도 견디기 힘든 고통으로 다가오기 때문이다.

이 책을 읽는 부모들에게 한 가지 묻고 싶다.

'아이를 어떤 방법으로 재우는가?'

아마 다양한 방법이 쏟아질 것이다. 아이가 얼른 잠이 들 수 있게 낮 동안 운동도 많이 시키고, 중간에 배가 고파서 깨지 않도록 분유도 충분히 먹일 수 있다. 하지만 아이들은 언제나 부모의 바람과 다르게 행동한다. 옆에 함께 누워 아이가 잠들 때까지 기다리지만, 눈을 감지 않고 자꾸만 놀아달라고 보채는 아이들. 대체 이유가 무엇일까? 불도 끄고, 운동도 많이 시키고, 분유도 먹였는데 왜 잠들지 않는 걸까? 나는 이렇게 조언한다.

"일단 불을 켜세요. 그리고 손에 든 스마트폰도 내려 놓으세요."

아이들이 쉽게 잠들지 않는 이유는 무엇일까? 그 나이 때는 잠자는 것을 죽음과도 같다고 생각하고 두려워하기 때문이다. 일단 불을 켠 다음, 부모가 먼저 눈을 감고 누워야 한다. 그리고 가장 중요한 것이 하나 있다. 부모는 이 문장을 마음에 담고, 직접 써보기를 바란다.

아이를 잠들게 하려면, 부모가 먼저 자야 한다.

'아이가 잠들면 편안하게 맥주 한 잔 즐기며 밀린 드라마나 시청해야지' '애가 자야 설거지도 하고, 미뤄둔 일도 마무리하지'라는 생각을 하며 부모가 애써 잠들지 않으면, 아이도 쉽게 잠들지 않는다. 아이에게 사랑을 전하는 가장 간단한 방법도 바로 여기에 있다.

사랑은 특별한 순간에 특별한 방법으로 주는 게 아니다. 사랑은 일상이다. 아이가 잠들면 부모는 해야 할 일을 잊고, 아이와 함께 잠드는 데 집중하라. 아이가 잠들면 문을 열고 나갈 생각을 버리고, 그저 함께 행복하게 잠들어라. 그 마음과 따뜻한 사랑을 아이가 가장 먼저 느낄 것이다. 그럼 아이는 세상에서 가장 행복한 꿈을 꿀 것이다.

많은 사람이 "요즘 아이들은 문제가 많다"고 말한다. 실제로 우리 아이들의 범죄와 탈선이 늘어나고 있다. 이유가 무엇일까? 어떻게 하면 아이들이 자신의 길을 제대로 걷게 할 수 있을까? 흔들리는 아이를 제자리로 돌아오게 할 방법은 무엇일까?

모든 부모가 묻는 질문의 답은 오직 '사랑' 안에 존재한다. 부모가 사랑을 주면, 아이는 언제나 웃으며 받는다. 하지만 마음의 상처가 많은 아이는 다르다. 상처 난 구멍으로 사랑이 모두 새어 나가기 때문에 부모가 사랑을 줘도 느끼지 못한다.

진정한 사과는 나의 만족이 중요한 게 아니다. 상대가 이제 충분하다고 말할 때까지 반복해야 한다. 아이를 향한 사랑도 그렇다. 만약 사랑이 전해지지 않으면, 아이가 충분히 느낄 때까지 계속 전하라. 아이가 "이제 엄마, 아빠 마음 알 수 있어요"라고 말하며 웃는 얼굴로

품에 안길 때까지, 전하고 또 전하라.

아이가 쉽게 사랑을 받아주지 않는 이유는 지금까지 받은 상처가 크기 때문이고, 상처를 낸 사람이 바로 부모이기 때문이다. 따라서 인내하고, 사랑하고, 믿고, 안아줘야 한다.

아이는 부모의 뒷모습을 보며 큰다. '집 밖에서 따뜻한 부모'가 아닌 '집 안에서 따뜻한 부모'를 원하고, '집 밖에서 대단한 부모'가 아닌 '집 안에서 대단한 부모'를 원한다. 방법은 한 가지, 매일 벅찬 사랑을 전해야 한다. 아이는 넘치는 그 사랑을 받아먹고 산다. 사랑은 오직 부모만이 줄 수 있고, 아이를 가장 근사하게 키우는 최고의 양식이다.

내면의 힘이 강한 아이로 키우는 방법

요즘 예쁜 행동과 말만 해야 할 아이들이 말썽을 많이 피운다. 폭력, 왕따, 살인 등 청소년 범죄 소식을 접할 때마다 안타깝다. 바르게 자라야 할 아이들이 왜 그런 행동을 할까? 바로 내면이 약하기 때문이다. 약한 내면은 아이를 유혹에 흔들리게 만든다.

그렇다면 강한 내면을 가지기 위해서는 어떻게 해야 하는가? 나는 두 가지 해결책을 찾았다.

'기다릴 줄 알아야 한다.'

'생각할 시간을 가져야 한다.'

《마시멜로 이야기》라는 책이 있다. 짧게 요약하자면, 눈앞에 있는 마시멜로를 먹지 않고 오래 참은 아이가 나중에 성공할 확률이 높다는 내용이다. 굉장히 중요한 말이지만, 나는 그 내용을 상기할 때마다 묻고 싶은 것이 하나 있다.

"그 중요한 사실을 왜, 아이에게만 적용합니까?"

어른들, 즉 부모가 먼저 본보기를 보여줘야 아이도 그게 좋다는 것을 알고 눈앞에 있는 마시멜로를 먹지 않고 자제할 수 있지 않을까? 아이를 강한 내면을 가진 사람으로 키우고 싶다면, 부모가 먼저 그런 모습을 보여주면 된다. 가르치는 것보다 보여주는 것이 가장 효과적인 교육이다.

1. 혼자 있는 시간의 힘을 아는 아이

'나를 찾아 떠나는 여행'

요즘엔 인문학을 넣으면 모든 게 통하니, 여행 앞에 '인문학'이라는 달콤한 약도 살짝 뿌려 이렇게 만든다.

'나를 찾아 떠나는 인문학 여행'

내가 왜 이런 이야기를 하는지 잘 모르는 분들을 위해 네 가지만 묻고자 한다.

"나를 찾는데 왜 누군가의 계획으로 움직이는가?"

"나를 찾는데 왜 누군가와 함께 떠나는가?"

"나를 찾는데 꼭 유럽이나 미국으로 가야 하는가?"

"외국에서 못 찾으면 우주여행이라도 떠날 셈인가?"

칸트, 니체 등 위대한 철학자들은 태어나 죽는 날까지 집에서 멀리 떠난 적이 없다. 그들은 자기가 사는 지역에서 산책하며 세상을 바꿀 무언가를 발견했다. 《사색이 자본이다》에서도 언급했지만, '지금 여기'에서 찾지 못하는 사람은 어디에 가도 '진정한 나'를 찾지 못한다. 물론 우리는 칸트나 니체가 아니다. 나는 본질을 말하고 싶다.

나를 찾고 싶다면, 조용히 혼자 나와의 대화를 나눠야 한다. '오래된 나'를 떠나야지, 내가 사는 나라를 떠난다고 해결되는 것이 아니다. 아이의 내면을 강하게 하고 싶다면, 위에 언급한 네 가지의 질문을 바꾸면 답이 나온다.

"아이가 스스로 계획을 세워 떠나게 하라."

"아이가 최대한 혼자 많은 것을 처리하게 하라."

"동네 놀이터에서도 내면을 찾을 수 있다."

"놀이터에서 찾지 못하면 유럽에서도 찾지 못한다."

보통 여행을 떠날 때 여행 코스와 각종 부가 사항을 부모가 자기 마음대로 정할 때가 많다. 부모는 이 방식이 가장 합리적이라고 생각하며 아이도 만족할 것이라고 믿는다. 앞서 언급했지만 그저 따라가는 여행에서는 무엇도 발견할 수 없다.

아이가 무언가를 주도할 수 있게 하라. 그날의 여행 비용을 아이가 관리하는 것도, 오전 일정을 스스로 결정하는 것도. 혹은 아이가 매일매일 짧게라도 여행기를 쓰는 것도 좋다.

2. 기다려라, 생각하라

인도의 영적 지도자이자 동양인 최초로 노벨 문학상을 받은 시인 라빈드라나트 타고르는 사실 학교에서 뛰어난 성적을 보였던 학생은 아니었다.《부모 인문학 수업》에서도 자세하게 설명했지만, 어린 타고르는 열한 살 때 아버지와 함께 히말라야로 4개월간 여행을 떠난 적이 있는데, 훗날 그는 당시 기분과 느낌을 이렇게 표현했다.

"여행자는 자신의 문에 이르기 위해 모든 낯선 문을 두드려야 하고, 마지막 가장 깊은 성소에 다다르기 위해 온갖 바깥 세계를 방황해야 한다."

강한 내면을 가진 아이로 키우려면 다음 두 가지를 명심해야 한다.

'기다릴 줄 알아야 한다.'

'생각할 시간을 가져야 한다.'

타고르는 바로 이 두 가지 방법으로 강한 내면을 얻었다. 기다리고 생각하는 것. 이것은 어른들, 바로 부모부터 시작해야 한다.

우리는 참지 않는 세상에서 살고 있다. 타인의 말이 끝날 때까지 기다리지 못하고, 초보가 경력자로 성장할 때까지 기다리지 못하고, 마음 아픈 사람이 회복할 때까지 기다리지 않는다. 세상의 모든 폭력과 미움, 질투는 충분히 기다리지 않고, 자신에게 생각할 시간을 허락하지 않기 때문에 일어난다. 사랑하는 아이와 함께 아래의 문장을 필사하며 일상에서 기다리고 생각하는 시간을 보내보자.

> 세상에서 가장 강인한 내면을 가진 사람은
> 홀로 앉아 아무것도 하지 않고,
> 긴 시간을 보낼 수 있는 사람이다.
> 길가에 핀 꽃 한 송이에서

거대한 대지를 발견할 수 없다면,
아무리 거대한 대지 앞에 서 있어도
꽃 한 송이 하나 발견하지 못할 것이다.

내면의 크기가,
그 사람의 크기다.

새로운 생각을 자극하는 괴테의 독서법

독서는 지적 생활의 기본이다. 하지만 독서는 생각만큼 쉬운 행위가 아니다. 독일의 문화 수준을 몇 단계 올렸다고 후대의 칭송을 받는 대문호 괴테조차도 "독서가 무엇이냐?"라는 질문에 "나는 아직도 독서를 모른다"라고 말했을 정도다. 독서는 쉽게 접근할 수 있는 영역이 아니다. 그래서 우리는 여전히 책을 읽고 있는지도 모르겠다.

《부모 인문학 수업》에서도 강조했지만, 나는 지난 10년 이상 괴테의 아들로 살았다. 그에게 생각하는 법을 배웠고, 사물을 관찰하며 얻은 영감을 내 안에 존재하는 그 무엇과 연결해 새로운 것을 창조하는 방법도 배웠다. 10년 동안 괴테가 쓴 책만 읽으며 나는 아주 조금 독서에 대해 알게 되었다.

《근사록집해》를 통해 괴테에게 배운 독서 노하우를 설명하면 이러하다.《근사록집해》는 중국 남송의 철학자이자 교육사상가인 주희, 학자인 여조겸이 편찬한 책이다. 이 책을 예로 드는 이유는 사색의 확대를 위해 갖춰야 할 삶의 지혜가 모두 농축되어 있기 때문이다.《근사록집해》를 제대로 읽으면 모든 불확실한 것을 긍정하고 끝없이 확대하며 지적 확장이 가능해진다. 초등학생이라면 부모의 도움을 받아야 하고, 중학생 이상이면 누구나 쉽게 실천할 수 있으니, '할 수 있다'는 마음으로 읽어주길 바란다.

아래는《근사록집해》에 나오는 문장이다. 이 책은 이런 식의 짧은 글로 이루어져 있기 때문에 '글에 의미를 부여하고 다르게 생각한 후 발견한 것'을 내 삶과 연결하기가 수월하다. 아이와 함께 소리 내어 읽고 천천히 필사하자. 그런 다음, 4단계 활동을 통해 떠오른 생각과 느낌을 자유롭게 이야기해보자.

> '최하급의 관리라도 사람을 사랑하는 마음을 가진다면, 사람들에게 반드시 이루어주는 바가 있을 것이다.'

1. 행갈이 : 최대한 읽기 쉬운 형태로 바꾸자

위의 문장을 분석하기 전에 나는 문장을 읽기 쉽도록 짧게 나누라고 조언하고 싶다. 이런 식으로 행갈이를 하는 것이다.

'최하급의 관리라도 사람을 사랑하는 마음을 가진다면,
사람들에게 반드시 이루어주는 바가 있을 것이다.'

행갈이를 하면 문장이 한눈에 보여서 읽기 편하다. 그 안에 숨은 뜻도 중요하지만, 문장을 명문으로 만드는 요소 중 하나는 '가독성'이다. 무엇보다 읽기 편해야 한다. 책에서 그걸 해결해주지 못했다면 독자가 스스로 행갈이를 통해 스스로 가장 읽기 편한 형태로 바꾸는 것이 좋다. 그게 적극적인 독서다.

2. 생각 : 문장의 의미를 해석하자

행갈이를 한 후에는 이제 의미를 생각해보자. 《근사록집해》에서는 앞의 문장을 이렇게 해석한다.

'사람을 사랑하는 마음을 가진다면,

반드시 사람들에게 미치는 효과가 있을 것이다.'

'세상을 바꾸는 힘은 거대한 변화에서 시작하는 게 아니라, 눈에 잘 보이지 않는 사소한 변화로부터 시작한다'라고 해석할 수도 있고, '작은 마음은 없다. 어떤 마음도 진실하다면 누군가에게 막대한 영향을 끼칠 수 있으니까'라고 해석할 수도 있다. 나름대로 문장의 의미를 해석하며 '저자가 왜 이 문장을 썼는가?'에 대해 사색하며 읽어보라. 이때 조금 더 감정 이입을 하고 싶다면 소리 내어 읽는 것이 좋다. 눈으로만 읽으면 눈에만 남는다. 소리 내어 읽으면 귀와 두뇌, 마음, 피부 등 온몸에 남는다. 글자로 샤워를 한다고 생각하자.

3. 입장 : 내 입장에 연결해서 생각한다

독서에서 가장 중요한 건 바로 '입장立場'이다. 입장이 바로 책을 읽는 시각을 결정하기 때문이다. 입장이 없는 독서로는 어떤 지적 통로로도 '입장入場'할 수 없다. 학생이라면 학생 입장에 맞는 해석이, 직장인이라면 직장인 입장에 맞는 해석이 필요하다. 그게 바로 책을 가장 적극적으로 읽는 방법이다.

만약 영어 공부를 하는 사람이라면 언어적인 지능에 대한 관점으로 글을 읽을 수 있겠다. '실력에 상관없이 영어를 배우려는 마음보다 영어를 사랑하는 마음을 가지면 그 마음이 반드시 내게 미치는 효과가 있을 것이다'라는 식으로 자신에게 맞는 해석을 할 수 있다. 공부, 꿈, 직업 등 다양한 방법으로 변형이 가능하니 자기 입장에 맞는 표현으로 변형해서 해석해보라. 이 점은 정말 중요하니 반드시 실천해야 한다.

4. 실천 : 일상에서 실천할 문장으로 편집하라

'편집編輯'이란 '의도意圖'를 말한다. 의도란 자기 생각이 있는 사람이 어떤 상황을 자기 뜻대로 만들어나가는 과정을 말한다. '나'와 '상황'을 주도적으로 이끌어나가는 것이다. 그래서 네 번째 단계가 중요하다. '내 삶에서 내 의도대로 실천할 문장'을 만드는 것이기 때문이다.

나에게 맞게 문장을 편집한 다음에는 실천에 옮겨야 한다.《근사록집해》에 나오는 또 다른 문장으로 실천에 대해 설명하겠다.

'자신이 이해에 도달하지 못한 이치를 학생에게 말한다면, 학생들이 들은 바를 깊이 이해하지 못할 뿐 아니라 도리어 '도리'를 얕보게 된다.'

이 글을 그냥 읽고 지나치면 삶에 어떤 변화도 줄 수 없다. 읽어도 아무것도 달라지는 것이 없다면, 왜 읽는가? 삶에 변화를 줄 방법을 찾아야 한다. 나는 내가 실천한 것만 글로 쓴다. 나는 직접 경험한 것이 아니면 그걸 사실이라고 인정하지 않는다. 우리가 자꾸만 행운과 기적에 기대어 사는 이유는 성취할 만큼 충분히 성장하지 못한 상태로 그것을 원하기 때문이다. 그 갈망이 자신을 더 아프게 하고 오히려 끝없는 노력으로 무언가를 성취한 사람의 과정을 얕보게 만든다.

실천에 있어서 가장 중요한 덕목은 '기다림'이다. 생각해보라.

'1년에 클래식 365곡 듣기' '한 달에 명화 30개 감상하기', 음악과 그림을 이런 식으로 감상하는 사람은 없다. 그런데 왜 유독 '1년에 365권 읽기' '한 달 안에 고전 독파하기' 하고 책만 다를까?

책을 공격하지 마라. 책은 정복할 수 있는 대상이 아니다. 책은 예술적 안목을 단련할 수 있는 가장 좋은 도구다. 다만, 음악과 그림처럼 그것을 충분히 즐긴 후에 내면에서 스스로 차오를 때까지 기다려야 한다. 억지로 짜내지 말고, 저절로 우러나오게 하라.

기다림을 아는 사람이 '같은 사물에서 다른 부분을 발견하는 안목'을 지닌 사람으로 성장한다. 독서는 반드시 새로운 생각을 자극해야 한다. 그리고 독서의 끝은 결국 실천이다. 위에서 알려준 괴테의 방법을 실천하면 우리는 예전과는 다른 안목으로 생각하게 될 것이며, 창조할 수 있는 사람으로 성장할 수 있게 된다.

관찰력과 창조의 영감을 길러주는 메모법

시대를 호령한 수많은 대가들은 말한다.

"최고를 보면, 저절로 사물을 보는 최고의 눈이 생긴다. 하지만 중급 정도의 것은 아무리 많이 보아도 사물을 보는 눈이 달라지지 않는다."

미술, 철학, 음악, 문학 등 분야는 다르지만 그 분야의 대가들은 모두 같은 말을 외친다. 여기에서 많은 사람이 혼란에 빠진다.

"과연 최고의 것은 무엇이며, 그것은 어떻게 구별할 수 있는가?"

최고의 작품을 구별하는 기준도 그것을 관찰하는 방법도 분야와 사람에 따라 매우 다양하다. 어떤 분야는 정보를 끌어모으는 방식으로, 다른 어떤 분야는 결합하는 방식으로 더 나은 관찰을 할 수 있다. 또 시각에 의지해서 감상하는 분야는 끌어모으거나 결합하는 방식보다는 분해나 분리를 통해 보다 많은 것을 배울 수 있다. 시각은 인간에게 허락된 가장 고상한 감각이기 때문이다.

바티칸 미술관에는 '라오콘 군상'이라는 높이 2.4미터의 대리석 조각상이 있다. 트로이 전쟁 때 트로이 성으로 진입하려던 그리스 군의 목마를 막아 신의 노여움을 산 라오콘이 결국 두 아들과 함께 뱀에게 몸이 감겨 죽는 형벌을 받는다는 신화의 내용을 사실적으로 묘사한 작품이다. 작품의 모습이나 분위기를 잘 모른다면 지금 바로 스마트폰으로 검색하여 감상해보자. 그리고 충분히 감상했다고 생각할 정도로 관찰해보자. 자, 그럼 이제 하나 묻고 싶다.

"괴테는 이 군상을 매우 특별한 방법으로 관찰했다. 만약 당신에게 군상을 관찰할 기회가 주어진다면, 어떻게 관찰할 것인가?"

아마 특별한 답이 나오기 쉽지 않을 것이다. 관찰하는 게 좋다는 것만 알지, 구체적인 방법에 대해서는 많이 생각해본 적이 없기 때문이다. 단순한 관찰보다 방법이 더 중요하다고 생각한 괴테는, 군상을 제대로 감상하기 위해서 '횃불'을 사용했다. 그 이유는 매우 간단하다.

"고대 예술 작품들은 횃불 조명으로 감상할 때 그 훌륭함이 가장 잘 드러난다. 보통의 빛으로는 신비에 가까울 정도로 부드럽게 옷 밖으로 내비치는 신체의 각 부분들을 감지해낼 수 없기 때문이다."

괴테는 횃불 조명을 통해 작품의 질량감과 들어가고 튀어나온 부분들을 섬세하게 감상할 수 있었다. 바로 이것이 우리가 괴테와 같은 것을 바라보아도, 다른 것을 발견하지 못하는 가장 커다란 이유 중 하나다.

라오콘 군상을 한번 자세히 들여다보자. 기억이 잘 나지 않으면 다시 스마트폰을 켜서 검색해보자. 그리고 이번에는 메모장을 꺼내 관찰한 내용을 간단하게 적어보자. 군상을 관찰할 때는 역사적인 사실이나 배경 등에는 많은 관심을 둘 필요가 없다. 직관적으로 눈에 보이는 부분에 초점을 맞추고 관찰하는 것이 효율적이다.

'오른쪽 아들은 뱀에게 팔과 다리만 잡혀 있어서 생명의 위협은 느끼지 않아 다른 두 사람에 비해 급박한 상황은 아니다. 하지만 살고 싶다는 희망이 눈빛에 가득하다. 어쩌면 '살고 싶다는 희망'은 '살만할 때 가질 수 있는 희망'이라는 생각이 든다.'

'아버지 라오콘은 상황이 조금 다르다. 몸 전체가 뱀의 지배에 들어간 상태다. 고통을 이겨내고 안간힘을 쓰는 노력을 보여주기 위해 근육이 두드러지게 표현되었다. 두 아들을 바라보기보다는 하늘을 바라보며 죽음을 기다리는 표정이다.'

'왼쪽 아들은 가장 절망적이다. 힘을 잃었고, 살고 싶다는 희망조차 포기한 상태다.'

관찰하는 사람에 따라 다소 다른 의견이 나올 수도 있다. 그건 그리 중요한 부분이 아니다. 중요한 건 자신이 관찰한 것을 메모하는 것이며, 메모를 통해 무언가를 발견해내는 일이다. 그게 바로 대가들이 최고의 작품을 관찰하며 본인의 지적 능력을 높이기 위해 사용했던 방법 중 하나다.

한 지인과 강연장에 간 적이 있다. 그는 강연을 듣는 두 시간 내내 불평했다.

"배울 게 없네!"

"나도 저런 강연을 할 수 있겠다!"

"재미도 없고, 감동도 없네!"

그는 두 시간 내내 불평만 가득 채웠지만, 나는 메모장 세 장을 꽉 채웠다. 강연가의 말을 그대로 적은 부분은 한 줄도 없다. 그런 메모로는 나만의 것을 창조할 수 없기 때문이다. 지인은 어떤 것을 봐도 불평하며 살게 될 것이다. 무엇이 잘못된 것일까? 설령 상황이 잘못되었다고 할지라도 내가 그것을 바꿀 수 없다면 상황은 영영 나아지지 않을 것이다. 위대한 관찰자의 시선을 배워야 한다. 내가 대가들에게 배운 '창조의 영감을 얻는 메모의 기술'을 쉽게 설명하면 이렇다.

1. 학생의 자세로 임하라

먼저 '질문'해야 한다. 함께 참석한 지인이 강연가의 말에서 아무것도 얻지 못한 이유는 무엇일까? 원인은 아주 사소한 곳에 존재한다. '어디 한 번 말해 봐, 들어주지'라는 생각으로 참석했기 때문이다. 강연가의 말이 아무리 영양가가 없다고 할지라도 '무엇이든 배우려는 학생'의 마음으로 참석하면 전혀 다른 게 들린다. 태도를 먼저 제대로 잡고 앉아야 한다. 그럼 모든 말에서 창조의 영감을 발견할 수 있다. '학생의 마음'으로 사는 사람에게 세상은 언제나 최고의 영감을 선물한다.

2. 고민을 머리에 담고 앉아라

앞에서 언급했지만 그냥 앉아서 듣는 것만으로는 배움을 얻기 힘들다. 어떤 좋은 생각도 결국에는 그의 생각일 뿐이다. 중요 포인트는 강연을 '그저 듣는 것'이 아니라, 강연가의 생각을 '내 삶에 연결'하는 것이다. 단순히 강연가의 말을 메모장에 적는 것은 별 의미가 없다.

방법은 간단하다. 강의를 듣는 그 순간, 내가 가장 고민하는 문제를 머리에 담고 앉아라. 강연가의 모든 말을 지금 당신을 괴롭히는 고민의 관점에서 바라보고 생각하라. 아무 생각이 없을 때는 무엇을 들어도 별 생각이 들지 않는다. 고민의 관점으로 바라본 순간, 그의 말이 들리기 시작할 것이다.

3. '3의 법칙'을 적용하라

이제 고민의 관점에서 바라본 강연 내용을 메모장에 적어야 한다. 적는 방법도 매우 중요하다. 메모로 끝내지 않고 하나의 멋진 콘텐츠로 만들기 위해서는 3의 법칙을 사용하는 게 좋다. 사람들의 사랑을 받고 실제로 영향을 미치는 창조물을 자세히 관찰해보면, 모든 현상에서 이루어지는 과정이나 방법을 세 가지로 나누어 구성했다는 공통점을 발견할 수 있다.

어떤 상황에 처했을 때, 아이에게 다음 세 가지 질문을 던지게 하자. 그럼 저절로 상황에서 벌어지는 과정을 세 가지로 나누며 본질에 조금 더 가까이 다가갈 수 있어 깊은 관찰과 연구가 가능해진다.

"이 상황은 어떤 이유로 시작되었을까?"

"여기에서 내가 할 수 있는 건 무엇인가?"
"내가 이 상황의 주인공이라면 어떻게 할 것인가?"

'3의 법칙'을 적용하며 우리는 관찰력, 논리력, 창의력을 동시에 기를 수 있다.

관찰력 : 다각도로 상황을 분석할 수 있는 힘
논리력 : 분석한 것을 나름의 논리로 풀어내는 힘
창의력 : 1과 2 사이에 있는 1.5를 예상하는 힘

물론 쉬운 일은 아니다. 이것은 마치 동시통역을 하는 것과 같다. 그 사람의 말을 듣는 동시에, 앞서 제시한 세 가지 질문을 던지고, 답을 발견하는 능력을 갖고 있어야 하기 때문이다. 하지만 나는 그것이 선천적 능력이 아닌 후천적인 반복으로 충분히 얻을 수 있는 능력이라는 사실을 경험으로 알고 있다. 그 이유를 다음 4번에서 설명하고자 한다.

4. 재능은 반복하며 단련된다

'최고의 예술을 자주 접한 사람이 최고의 영감을 얻게 된다.'

자주 듣는 말이다. 실제로 깊은 예술의 혼을 보여주는 예술가와 그것을 알아보는 안목을 지닌 관찰자가 만나면, 그 나라의 문화 수준은 최고가 된다. 예술을 알아볼 안목을 단련하기 위해 특별한 수준의 무

언가가 요구되는 것은 아니다. '예술을 사랑하는 마음'과 '순리를 지키는 마음'이면 충분하다.

무언가를 사랑하는 사람은 그것을 쉽게 가지려고 하지 않는다. 반복하고 또 반복하지만 불평하지 않는다. 기다릴 만한 가치가 있다는 것을 알기 때문이다. 그래서 위대한 관찰자들은 순리를 거스르지 않는다. 그것을 바라본 나의 내면이 스스로 충분히 충만해질 때까지 기다린다. 현명한 부모가 아이를 기다리는 것처럼, 현명한 관찰자는 자신의 시간을 기다린다.

평범한 관찰자와 위대한 관찰자를 가르는 가장 큰 기준이 뭐라고 생각하는가? 간단하다. '관찰하려는 의지'이다. 유럽 여행 중, 한국 사람이 많이 찾지 않는 한적한 미술관에 간 적이 있다. 세심하게 여기저기를 관찰하며 작품을 흡수하고 있었는데, 그때 매우 충격적인 장면을 목격했다. 당시 미술관에는 제법 화려한 천장화가 그려져 있었는데, 나는 최대한 고개를 들어 작품을 관찰하려고 애를 쓰던 중이었다. 그런데 그때 유치원 아이들과 그들을 인솔하는 교사를 보았다. 천장화 아래 선 유치원 아이들은 "자, 여기에서 누워서 관찰합시다"라는 교사의 말에 매우 자연스럽게 바닥에 누워 천장화를 관찰했다. 그때 받은 충격은 여전히 잊히지 않는다. '관찰하려는 의지'가 무엇인지 제대로 보여주는 사례라고 생각했기 때문이다. 괴테가 라오콘 군상을 감상하기 위해 횃불을 손에 든 이유를 생각하며, 위대한 관찰자는 그것을 만들거나 그린 창조자의 자세까지 상상하며 최대한 원형에 가까운 것을 보려고 노력하는 사람이라는 사실을 알게 되었다. 창조자의 간절한 마음을 아는 것이 우선이다.

어딘가로 떠날 때마다, 나는 나의 떠남을 '사색 관찰 투어'라고 말한다. 하지만 그렇게 말해도 들려오는 이야기는 늘 같다. "해외여행 가는 구나?" 하지만 '사색 관찰 투어'라고 말하면, 경탄하며 좋아하는 사람도 있다. 나는 그렇게 말하는 사람들과 대화하는 것이 더 즐겁다. 그들은 '무엇이든 보려는 마음'을 갖고 있는 사람이기 때문이다. 창조자의 간절한 마음에 접속하려면 '보려는 마음'을 가져야 한다. 아이가 보는 영화, 아이가 듣는 음악, 아이가 걷는 거리. 아이가 이것들을 지긋하게 바라보고 느낄 수 있도록 이끌어주자.

기품 있는 아이로 만드는 가치관 교육

식당에서 식사를 방해할 정도로 소리를 치거나 뛰어다니는 아이를 보면, 누구라도 화가 난다. 나는 그런 상황에서 부모에게 "참지 마세요"라고 조언한다. 이때 내 조언을 '화를 마음속에 쌓아 두지 말고 표현하라'는 말로 이해하는 사람이 많은데, 나의 의도는 '아이를 향하는 모든 신경을 차단하라'는 뜻이다. '무언가를 참는다'는 것은 '신경을 쓰고 있다'는 증거이기 때문이다. 언제 분노로 이어질지 알 수 없는 일촉즉발의 상황에서는 화를 마음 밖으로 멀리 내보내야 한다.

'참는다'는 것은 구체적으로 내가 이런 상황에 빠졌다는 것을 의미한다.

'내가 내 감정에 졌다.'

'타인을 의식하고 있다.'

이름도 모르는 누군가의 아이를 조용하게 만들 수 있는 사람은 별로 없다. 설령 내 말을 듣고 아이가 잠시 조용해졌다 할지라도, 식사를 하는 내내 나는 그 아이에게 '또 시끄럽게 굴면 어떻게 하지?' 하고 신경을 쓰게 된다. 또 아이를 방치하는 부모에게 화가 날 수도 있다. '저 부모는 대체 아이를 왜 이렇게 멋대로 기르는 거야!'라고 말이다.

이것은 내가 어찌할 수 있는 부분이 아니다. '아이를 방치하는 부모 밑에서 자랐으니 아이가 공중도덕을 모를 수밖에 없지'라고 생각하고, 내 마음에서 그 상황을 지워내야 한다. "이게 다 너를 위한 말이란다. 사람들이 많은 자리에서 시끄럽게 구는 건 예절에 어긋나는 거야" 라고 아이에게 조언할 필요도 없다. "자랑은 아니지만…"이라고 시작한 말이 언제나 자랑으로 끝나는 것처럼, "너를 위한 말이다"라고 시작한 조언도 결국 '분노를 교육으로 포장해 어떻게든 지적하고 싶은 부모의 욕심'이기 때문이다.

물론 때에 따라 주의를 줄 필요도 있다. 하지만 자신의 감정을 주체하지 못해 분노를 표출하는 것은 어리석은 행동이다. 내 소중한 시간을 타인에게 빼앗기지 마라. 식당에서 시끄럽게 뛰어다니는 아이와 부모에게 긍정적인 영향을 주고 싶다면, 오히려 나 자신에게 철저해지는 것이 더 좋다. 공중도덕을 지키지 않는 그들 앞에서 기품 있게 식사를 즐기는 근사한 모습을 보여주자. 사람은 잘 모르는 누군가의 조언은 쉽게 받아들이지 않지만, 말이 아닌 행동은 그대로 보고 배운다. 말은 행동을, 행동은 내 삶을, 내 삶의 변화는 세상의 변화를 이끌어낸다. 우리는 작은 행동 하나로 수많은 사람의 가치관을 아름답게 변화시킬 수 있다.

그보다 더 멋진 일은, 어떤 상황에서도 분노하지 않고 타인을 배려하면서도 자신의 감정을 제어하는 부모의 모습을 본 내 아이가 저절로 최고의 가치관 교육을 받게 된다는 사실이다. 아이의 가치관 변화는 결국 부모의 삶을 통해 시작되기 때문이다.

기품이 넘치고, 긍정적이고, 밝고 아름다운 생각을 하는 아이로 키우고 싶은가? 그럼 한 가지만 기억하라. 다음 문장을 부모가 먼저 소리 내어 읽고, 필사해보자.

> 부모가 자기 삶을 귀하게 여기며 정성을 다할 때,
> 아이의 모습도 부모가 원하는 그 모습으로 변한다.

부모와 아이의 삶에 기품을 불어 넣어줄 한 사람을 소개한다. 그 주인공은 세계적인 배우 오드리 헵번이다. 영화 〈로마의 휴일〉과 〈티파니에서 아침을〉 등 수많은 영화를 통해 세계적인 인기를 얻은 그녀이지만, 나는 그것보다는 1954년부터 국제구호단체인 '유니세프'를 통해 꾸준히 돈과 마음을 기부하며 어려운 사람의 손을 잡아준 행동이 그녀의 진짜 매력이라고 생각한다. 2004년에는 UN의 주도하에 그녀의 선행을 기리기 위한 '오드리 헵번 평화상'을 제정할 정도로 그녀는 필사적으로 어려운 사람을 도왔다. 오드리 헵번의 어머니는 그녀가 어릴 때부터 절대 잊지 말라고 당부하며 몇 가지 조언을 남겼다. 그녀의 말을 아이와 함께 번갈아 가며 읽으면 좋다.

> "첫째, 친절하라. 친절은 가장 좋은 매너다. 언제나 다른 이에게 친절해야 한다.
> 둘째, 시간을 철저히 지켜라. 늘 다른 사람의 소중한 시간을 먼저 생각하라.
> 셋째, 경청하라. 남들에게 네 이야기를 많이 하지 마라. 중요한 건 사람들의 이야기를 듣는 일이다.
> 넷째, 바른 자세를 유지하라. 똑바로 서고, 몸을 곧게 세워 앉아라. 그리고 술과 사탕을 절제하라. 자제력을 잃는 것은 좋지 않다.
> 다섯 째, 내게 가장 소중한 것을 발견하라. 시선을 내면으로 돌려라. 다른 사람의 이목을 끄는 데 집착하지 마라."

이런 조언이 그녀의 삶에 어떤 영향을 미쳤을까? 훗날 그녀는 이렇게 말했다.

"나는 어머니의 인생관을 그대로 물려받았다."

그러자 그녀의 어머니는 이렇게 답했다.

"나는 내 딸이 재능을 가꾸는 데 해준 일은 없다. 단지 자기 삶과 존재에 자부심을 느끼도록 했을 뿐이다."

자부심은 곧 기쁨으로 이어졌다. 전쟁 때문에 가지고 있는 모든 것을 잃었지만 그녀가 삶을 포기하거나 절망하지 않고 당당하게 자기 삶을 살 수 있었던 모든 힘은 어머니의 가르침 덕분이었다. 그녀는 전쟁 당시 심정을 이렇게 고백했다.

“모든 것을 잃었지만 여전히 우리에겐 우리의 삶이 있었고, 그것만이 중요했다.”

그녀의 삶이 아름다울 수 있었던 것은 나이를 먹을수록 그녀가 스스로 더 아름다워질 수밖에 없는 선택을 했기 때문이다. 그녀는 외모보다는 마음에 집중했다. 외모는 순간이다. 우리의 외모는 지금 이 순간에도 빛을 잃고 있다. 시간이 지날수록 빛을 잃어가는 것에게 집착하면 삶은 고통일 수밖에 없다. 그러므로 외모에 집착하는 것은 파멸로 가는 끈을 잡고 있는 것과 같다. 시간이 가며 오히려 빛을 발하는 것이 무엇인지 깨닫고 그것을 추구하는 삶을 살아야 한다. 그녀는 사랑하는 아이들도 그런 삶을 살기를 바라며 시인 샘 레벤슨의 시를 인용하여 유언으로 남겼다. 다음 시를 출력해서 냉장고나 책상 위에 붙여서 아이가 반복해서 볼 수 있게 하면 좋다.

아름다운 입술을 갖고 싶다면
친절하게 말하고,
아름다운 눈을 갖고 싶다면
사람들의 장점을 보라.
아름다운 몸으로 살고 싶다면
배고픈 사람과 너의 음식을 나누고,
아름다운 머리카락을 갖고 싶다면

하루에 한 번 어린이가 손가락으로
너의 머리를 쓰다듬게 하고,
아름다운 자세를 갖고 싶다면,
결코 너 혼자 걷고 있지 않음을 기억하라.

모든 사람은 자신의 상처를 치유해야 하며,
병과 무지로부터 빠져나올 수 있어야 한다.
그리고 고통으로부터 구원 받아야 한다.
결코 누구도 버림받아서는 안 된다.

그리고 기억하라.
네가 나이가 들면
너는 네가 왜 두 손을 가지고 있는지 깨닫게 될 것이다.
하나는 너를 위한 손이고,
나머지 하나는 남을 돕기 위해 존재하는 손이다.

– 샘 레벤슨, 〈세월이 일러주는 아름다움의 비결〉

그녀는 혼자가 아니었다. 수많은 사람의 손을 잡고 있었기에 중심을 잃지 않을 수 있었고, 자신이 원하는 삶을 살 수 있었다. 기품이 흐르는 삶을 살기 위해서는 '함께'라는 단어를 가슴에 넣고 살아야 한다. 아무리 그 사람이 기품이 넘치는 태도를 갖고 있다고 할지라도,

손을 잡은 두 사람의 사랑을 이길 수는 없다. 두 사람보다는 세 사람이, 세 사람보다는 네 사람이 뜨겁다.

내면의 힘을 길러주는 읽고 쓰고 말하는 인문학

이 책의 1장은 '읽고 쓰고 말하는 하루 한 줄 인문학'에 대한 기본 지식을 갖추는 과정이다. 읽고 말하는 것까지는 이해가 되는데, 대부분의 사람들은 '어떻게 써야 하는지'에 대해 고민한다. 내가 이 책에서 말하는 '쓰기'는 바로 '필사'다. 인문학적인 필사는 보통의 필사와는 조금 다르다.

한때 필사가 유행처럼 번졌고, 많은 사람들이 필사를 시도했다. 나는 필사가 매우 어려운 행위라고 생각한다. 손을 움직여 써야 하니 눈으로 읽는 독서보다 더 많은 시간을 필요로 하기 때문이다. 게다가 필사는 사귀기 힘든 친구처럼 매우 조심스럽게 다가가야 하는 분야다.

필사를 1년 이상 지속했는가? 그럼 한 가지 묻고 싶다.

"필사를 통해 무엇이 달라졌는가?"

"모임에서 함께 필사를 실천하는 사람을 인맥으로 알게 되었다." "필사를 주도하는 유명인과 소통하게 되었다." "고전이라 일컬어지는 명작을 많이 접하게 되었다"라고 대답하는 사람에게 나는 이렇게 응수하고 싶다.

"대체 그것들이 무슨 소용인가?"

필사의 목적은 나를 바꾸고 삶을 아름답게 하는 데 있다. 유명한 사람과 인맥을 쌓고 명작을 많이 알게 되는 것은 우리 인생에서 그렇게 중요한 일이 아니다.

요즘 인터넷 포털사이트를 보면 악플이 기승을 부리고 있다. 마치 악플을 전문적으로 알려주는 학교에 다니는 사람처럼, 창의적인 방법과 표현으로 상대를 비방한다. 나는 오랜 시간 그들의 글과 일상을 관찰하며 몇 가지 놀라운 사실을 알아냈다. 악플을 쓰는 사람은 그야말로 "악!" 소리가 날 정도로 마음이 아픈 사람들이다. 그들은 성품이 나쁜 사람이 아니라, 마음이 아픈 사람이다. 마음이 아픈 사람에게는 충고와 물리적인 타격보다는 정성 어린 마음을 전해줘야 한다. 악을 악으로 맞서면 악만 가득한 세상이 된다.

악플을 쓰는 그들 자신도 그 사실을 알고 있다. 알면서도 자꾸만 악플을 쓰는 이유는 참을 수 있을 정도로 내면이 강하지 않기 때문이다. 아픈 마음이 자기 자신을 견디지 못하기 때문이다.

우리도 마찬가지다. 실제로 악플을 쓰지는 않아도, 일상에서 자주 분노하고 화를 낸다. 마음에 생긴 상처가 아물 겨를이 없기 때문에 분노가 가라앉지 않는다. 우리는 지금 마음 아픈 사람들이 가득한 세상을 살고 있다.

괴테는 자신의 삶을 이렇게 한 문장으로 정리했다.

"사랑해서 아팠고, 그로 인해 배웠다."

괴테는 세상과 사람을 사랑했기 때문에 상처받을 수밖에 없었다. 그는 다친 마음을 치유하기 위해 일상에서 습관적으로 필사를 지속했다. 일상에서 느끼는 감정을 때로는 그림으로, 때로는 글로 필사하며 세상에 남겼다. 나는 필사를 단순히 인쇄된 종이에 적힌 글을 그대로 따라 쓰는 행위로만 제한하지 않는다.

밖으로 나가보라. 구름이 지나가며 시원하게 흘린 냉수와 같은 문장을, 날카로운 바람에 상처 입은 공기가 신음처럼 남긴 아련한 문장을, 겨울이 지난 어느 날 풍경이 숨겨둔 봄의 문장을. 세상을 필사하라. 이것이 바로 혼자서도 강하게 설 수 있는 아이, 내면의 힘이 강한 아이를 만들 수 있는 궁극의 필사법이다.

괴테는 여섯 살 때부터 시를 썼다. 다시 말해, 여섯 살 때부터 세상을 필사했다. 여기에서 우리는 본질을 발견해야 한다. 괴테가 여섯 살 때부터 시를 썼다는 말에 '괴테는 역시 천재였구나'라는 생각에서 그치면 그의 경쟁력을 발견할 수 없다. 위대한 삶을 살았던 사람에게는 반드시 필사에 집중하는 시간이 존재했다. 나는 괴테의 삶을 연구하며, 아이의 내면의 힘을 키우는 필사법을 연구했다. 내용은 다음과 같다.

1. 종이에 연필로 쓰라

가장 기본이 되는 원칙은 종이에 연필로 필사해야 한다는 사실이다. 그 이유는 간단하다.

첫째, 느리게 가는 소중함을 알게 된다. 손가락과 손목의 아픔을 그대로 느껴라. 느리지만 내가 걸어가는 길의 흔적이 고스란히 마음에 찍힐 것이다. 노력한 만큼 얻을 수 있다는 것을 알게 되어, 아이의 교육에도 효과가 좋다.

둘째, 필사는 마음이 남긴 흔적이다. 필체는 그 사람의 마음을 알 수 있는 귀한 증거다. 필체는 글의 모양이 아니라 글을 쓴 사람의 마음의 모양이기 때문이다. '글씨체'가 곧 '마음체'다. 아이와 함께 글의 모양과 움직임을 유심히 관찰하라. 필사의 또 다른 기쁨은 내 마음을 알게 된다는 데 있다.

2. 부모와 아이 모두 각자의 감정을 글로 써서 공개하라

아이나 어른 모두 마찬가지다. 누구나 삶의 아픔을 겪는다. 이때 아픈 마음을 적절하게 치유하고 싶다면 남이 쓴 글을 필사하는 것보다는 자신의 감정을 쓰는 게 좋다. 아이와 함께 운영할 SNS를 하나 만들어서 매일 부모 자신과 아이의 감정을 글로 써서 공개하라. 혼자 쓰고 혼자만 읽는 것은, 아픈 마음을 상자에 넣어 봉인하는 것과 마찬가지다. 아픈 마음은 스스로 자신을 치유할 힘이 없다. 세상에 공개해야 한다. 물론 내 생각을 세상에 공개하는 것은 쉬운 일이 아니다. 비난과 질타를 받을 수 있기 때문이다.

하지만 기억하라. 당신이 아무리 좋은 글을 써도 욕을 먹고 비난을 받게 된다. 그건 쓰는 자의 숙명이다. 비난까지도 각오하고 글을 쓰라. 어떤 말에도 흔들리지 말라. 이 과정을 겪으며 아이와 부모의 내면은 더욱 강해질 것이다.

아픈 마음을 치유하고 싶다면, 다른 사람을 의식하며 쓰기보다는, 내 마음을 의식하며 써야 한다. 타인을 의식하며 이 사람 저 사람 모두를 만족시키려고 하는 태도는 정작 작가의 생각을 사라지게 하고, 결국 타인의 생각으로만 가득 찬 '아무 것도 아닌 글'로 만들어버린다. 내 마음을 의식하며 글을 쓰면 비록 그 글을 비난하는 사람은 생길지 모르나, 반대로 내가 쓴 글에 힘을 얻고 새로 시작할 용기를 얻는 사람도 생긴다. 같은 슬픔을 가진 사람을 만나면 이상하게 따뜻해지는 것을 느껴본 적이 있을 것이다. 슬픔도 모이면 따뜻해진다. 서로가 서로의 상처를 치유해주기 때문이다. 아이에게 그 과정의 소중함을 알게 하라.

3. 부모도 아이도 반드시 혼자 쓰라

괴테는 '가장 위대한 기술은 타인에게서 스스로를 격리시켜 자기의 세계를 한정시킬 때 비로소 창출되는 것'이라고 말했다. '혼자'를 뜻하는 영어 단어 'alone'은 원래 'all one', 즉 '완전한 하나'를 의미한다. '어쩔 수 없는 혼자'가 아니라 우리는 '완전한 하나'로 존재한다. 오직 홀로 강한 나를 만들기 위해 필사를 한다고 생각하라. 정기적으로 매달 한 번 정도 만나서 필사에 대한 이야기를 나누는 모임을 갖는 건 괜찮지만, 필사는 철저히 혼자 해야 한다. 누구에게 보여주는 것이 아니라, 철저하게 내게 보여주는 것이라는 사실을 기억하라. 아이와 함께 필사를 할 때도 같은 공간에서 하는 것도 좋지만, 본격적으로 필사를 할 땐 잠시 떨어져 서로 다른 방에서 하는 것도 좋다.

4. 잠시 스마트폰을 끄고 필사를 시작하라

같은 지하철을 한 시간이나 타고 있어도 요즘 승객들은 열에 아홉 명은 이어폰을 끼고 스마트폰만 들여다보고 있기 때문에 옆에 가족이 서 있어도 모르는 경우가 많다. 이때 우리가 바라보는 것은 무엇인가? 정말 중요한 부분이다. 우리는 지금 세상을 보지 않고 내 손 안의 스마트폰, 비디오 영상만 아무 생각 없이 보고 있는 것은 아닐까? 그래서 스스로 생각하는 능력을 잃어가는 것은 아닐까?

필사는 그저 누군가 쓴 문장을 단순히 베껴 쓰는 것이 아니다. 자신의 생각을 담는 창조적인 행위 중 하나라는 사실을 아이가 깨달아야 한다. 스스로 생각하지 않는 사람의 세상은 언제나 똑같다. 그들의 일상은 자신이 만든 영상을 매일 다시 보기로 반복해서 시청하는 것과 같다.

스마트폰을 끄고, 세상을 틀어라. 당신이 보는 것과 당신이 내뱉는 말이 바로 당신의 마음이자 일상이다. 내가 보고 싶은 것만 보는 삶에서 벗어나라. 또한 내 마음에 담은 것만 보는 삶에서 벗어나라. 그래야 진정으로 '눈에 보이지 않는 것'을 볼 수 있다. 나로부터 너무 멀리 있어 보이지 않는 것은 마음의 눈에만 보인다.

오늘부터 스마트폰을 끄고 아이와 필사를 시작하자. 한 줄의 글을 썼다는 것은 한 걸음 더 내 영혼에 다가섰다는 증거다. 원고 하나를 탈고한다는 것은 나를 아프게 한 영혼의 상처와 마주한다는 의미다. 글은 아픈 영혼을 치유하는 길잡이다. 음악을 들어도, 영화를 감상해도, 책을 읽어도 채워지지 않는 그 무엇. 그 무엇을 필사하며 채워야 한다.

필사하며 우리는 거대한 자신을 실감한다. 죽도록 아팠던 순간의 나를, 생의 한가운데서 펑펑 울었던 나를, 삶의 절벽 끝에서 아찔하게 서 있던 나를, 만나고 안고 쓰다듬으며 치유한다.

1 아이는 부모의 뒷모습을 보며 큰다. '집 밖에서 따뜻한 부모'가 아닌 '집 안에서 따뜻한 부모'를 원하고, '집 밖에서 대단한 부모'가 아닌 '집 안에서 대단한 부모'를 원한다. 방법은 한 가지, 매일 벅찬 사랑을 전해야 한다. 아이는 넘치는 그 사랑을 받아먹고 산다. 사랑은 오직 부모만이 줄 수 있고, 아이를 가장 근사하게 키우는 최고의 양식이다.

2 세상에서 가장 강인한 내면을 가진 사람은 홀로 앉아 아무것도 하지 않고, 긴 시간을 보낼 수 있는 사람이다. 길가에 핀 꽃 한 송이에서 거대한 대지를 발견할 수 없다면, 아무리 거대한 대지 앞에 서 있어도 꽃 한 송이 하나 발견하지 못할 것이다. 내면의 크기가, 그 사람의 크기다.

3 책을 공격하지 마라. 책은 정복할 수 있는 대상이 아니다. 책은 예술적 안목을 단련할 수 있는 가장 좋은 도구다. 다만, 음악과 그림처럼 그것을 충분히 즐긴 후에 내면에서 스스로 차오를 때까지 기다려야 한다. 억지로 짜내지 말고, 저절로 우러나오게 하라.

4 무언가를 사랑하는 사람은 그것을 쉽게 가지려고 하지 않는다. 반복하고 또 반복하지만 불평하지 않는다. 기다릴 만한 가치가 있다는 것을 알기 때문이다. 그래서 위대한 관찰자들은 순리를 거스르지 않는다. 그것을 바라본 나의 내면이 스스로 충분히 충만해질 때까지 기다린다.

5 기품이 흐르는 삶을 살기 위해서는 '함께'라는 단어를 가슴에 넣고 살아야 한다. 아무리 그 사람이 기품이 넘치는 태도를 갖고 있다고 할지라도, 손을 잡은 두 사람의 사랑을 이길 수는 없다. 두 사람보다는 세 사람이, 세 사람보다는 네 사람이 뜨겁다.

6 밖으로 나가보라. 구름이 지나가며 시원하게 흘린 냉수와 같은 문장을, 날카로운 바람에 상처 입은 공기가 신음처럼 남긴 아련한 문장을, 겨울이 지난 어느 날 풍경이 숨겨둔 봄의 문장을, 이 풍성한 세상을 영혼의 펜으로 필사하라. 이것이 바로 혼자서도 강하게 설 수 있는 아이, 내면의 힘이 강한 아이를 만들 수 있는 궁극의 필사법이다.

7 필사는 그저 누군가 쓴 문장을 단순히 베껴 쓰는 것이 아니다. 자신의 생각을 담는 창조적인 행위 중 하나라는 사실을 아이가 깨달아야 한다. 필사하며 우리는 거대한 자신을 실감한다. 죽도록 아팠던 순간의 나를, 생의 한가운데서 펑펑 울었던 나를, 삶의 절벽 끝에서 아찔하게 서 있던 나를, 만나고 안고 쓰다듬으며 치유한다.

2부

인풋 쌓기

보고 느낀다

사색하며 성장하는 아이로 키우는 독서법

계절과 유행에 따라 아이들이 입는 옷의 종류와 색이 달라진다. 중요한 건 아이들이 자신의 취향이 아닌 '세상의 취향'대로 옷을 입는다는 사실이다. 아이들이 유명 브랜드나 당시 유행하는 스타일의 옷만 고집하는 이유는 스스로 생각할 줄 모르기 때문이다. 또한 자신이 어떤 색의 옷을 좋아하고, 어떤 옷을 입을 때 가장 근사해 보이는지 전혀 모르기 때문이다. 자기 자신을 잘 모르는 사람들은 결국 '남을 따라 하게' 된다. 따라 입는 것보다는 '다르게 입는 것'이 남들과 차별화되는 방법이라는 사실을 아이가 알도록 해야 한다. 중요한 것은 옷이 아닌 생각을 입는 아이로 키우는 것이다. 어떤 방법으로 이 사실을 교육할 수 있을까?

많은 부모가 아이를 사랑하는 마음은 가득하지만, 자주 착각하는 것이 하나 있다. 아이를 향한 사랑과 아이의 교육을 착각하는 것이다. 주말이면 아이를 데리고 나가 연극도 보고, 영화나 전시회 등을 접하게 하며 더 많은 경험을 할 수 있게 한다. 모두 좋다. 하지만 우리가 놓치고 있는 게 하나 있다. '바로, 지금 여기에서 사색하는 일'이다.

아이가 기억하는 건 부모와 함께 간 '장소'가 아니라, 부모와 함께 있던 '순간'이다. 값비싼 파스타를 먹은 유럽의 어느 식당이 아니라, 파스타를 먹다가 튄 소스가 서로의 얼굴에 묻어 놀리고 장난치던 바로 그 순간을 기억한다. 아이를 사랑한다면, 장소가 아니라 순간을 소중하게 기억하는 아이의 마음과 영혼을 잊지 않아야 한다. 여행을 비롯해 어딘가로 체험 학습을 갈 때, 아이에게 필요한 건 가이드가 아니다. 구경하기 좋은 장소와 사진 찍기 좋은 곳을 소개하는 가이드의 역할은 부모가 할 일이 아니다. 부모는 아이가 스스로 사색할 수 있도록 도와줘야 한다.

장난감도 마찬가지다. 다양한 장난감을 갖고 노는 건 중요하지 않다. 장난감 1개를 가지고 10개의 방법으로 놀 줄 아는 지혜가 필요하다. 그러기 위해서는 아이에게 자꾸만 장난감을 사주는 것만이 능사가 아니다. 장난감이 많아질수록 아이는 더 빠르게 싫증을 내고 새롭게 놀 수 있는 방법에 대해 사색하지 않게 될 것이다. 모든 아이는 본래 창의적으로 태어났다. 창의력이 자꾸만 닳고 사라져 평범해지는 이유는 부모의 잘못된 행동 때문이다.

아이가 먹는 음식은 꼼꼼하게 고르면서 왜 정작 아이의 머리로 향하는 영양분은 '인스턴트 음식'과도 같은 것을 고르는가? 충분한 사색 없이 받아들이는 정보는 인스턴트 음식과 마찬가지로 아이의 두뇌에 영양을 공급해주기 힘들다. 당장 배가 불러 순간의 만족감만 줄 뿐, 결코 뼈와 살이 되지 않는다.

사색하며 성장하는 아이로 키우기 위해서는 부모가 책을 읽어주는 습관부터 바꿔야 한다. 아이들은 자신의 방에 수많은 책이 존재하는 것을 원하지 않는다. 아이가 원하는 것은 단지 자기가 좋아하는 몇 권의 책이다. 그 책을 아이가 만족할 때까지 함께 읽으며 아이가 사색에 빠지도록 해야 한다.

1. 아이의 수준보다 조금 높은 책을 택하라

적당한 수준의 책을 선택하는 것이 가장 중요하다. 너무 높은 수준의 책은 독해할 수 없으니 아이에게 어떤 영향도 줄 수 없고, 반대로 너무 낮은 수준의 책은 이미 알고 있는 내용이라 생각을 자극하기 힘들다. '완벽하게 이해할 수 있는 책'을 굳이 또 읽어서 얻을 수 있는 건 그저 한 권을 다 읽었다는 만족감 정도다. 언제나 '한 단계 높은 수준의 책'을 읽어야 한다. 적당한 수준의 차이는 사색이 메울 수 있기 때문이다. 수준 차이가 나지 않으면 당연히 '사색 엔진'도 작동하지 않는다. 차이를 메우는 해결사 역할, 즉 사색을 통해 아이의 창의력을 자극할 수 있다.

2. 아이가 만족할 때까지 함께 읽어라

아이가 내용을 충분히 이해할 수 있어야 한다. 그래야 머릿속에서 상상하며 사색에 빠질 수 있다. 독서의 대가들은 "많은 책을 읽을 필요는 없다"고 강조한다. 백 권의 책을 한 번씩 읽어주는 것보다 한 권의 책을 백 번 읽어주는 것이 더 효과적이다. 하나를 충분히 알면, 아직 읽지 못한 아흔아홉 권 책들의 간략한 스토리만 알려줘도 나머지 스토리를 자신의 힘으로 전개해 나갈 힘을 가질 수 있기 때문이다. 중요한 것은 작가의 의도와 스토리를 읽는 게 아니라, 아이가 자기의 스토리를 만들어나가는 능력이다. 아이가 충분히 만족할 때까지 함께 읽어주는 게 중요하다.

3. 아이를 믿고 기다려라

아이가 책을 제대로 이해하지 못한다고 해서, 또 독서가 이상한 방향으로 흐르고 있다고 해서 걱정하지 마라. 아이는 책을 제대로 이해하지 못한 게 아니라, 자기 방식대로 이해하기 위해 조금 더 시간이 필요한 것이다. 많은 부모가 독서의 답을 정해 놓고, 그 답을 찾아내지 못하는 아이를 보며 불안하다고 하소연한다. 독서는 답이 정해진 수학이 아니다. 아이는 틀린 게 아니라 다른 것이고, 다르다는 건 아이가 사색하고 있다는 증거다. 부모가 원하는 답을 찾아내지 못했다는 사실에 아쉬워하기보다는 부모도 상상하지 못한 예상 밖의 생각을 제시한 아이의 창의성에 감탄하라.

세상을 뒤흔든 인문 고전작가들은 수많은 작품을 세상에 남겼지만,

그것을 구상하기 위해 다양한 경험이 필요했던 것은 아니었다. 자기가 사는 나라에서 늘 같은 곳을 바라보며 살았지만, 남들과는 다른 눈으로 사물을 바라보며 사색했다. 무언가를 얻으려 무작정 떠나는 것은 좋은 방법이 아니다.

중요한 것은 '지금 여기'에서 '다른 것'을 찾아내는 것이다. 세상을 보고 느끼는 사색은 바로 '지금 여기'에서 시작한다. 부모의 그 마음이 중요한 이유는 부모의 생각이 아이의 미래를 결정하기 때문이다.

"스스로 생각할 수 있는 힘을 기르게 해주려면 어떻게 해야 할까요?"

수많은 부모들이 하는 질문이다. 내 답은 언제나 이렇게 시작한다.

"아이에게 스마트폰을 주지 말고, 책을 읽게 해야 합니다."

이렇게 조언하면 80%의 부모는 "아이 안 기르시죠?" "그게 현실에서 가능할까요?" "누가 몰라서 안 하나요!" 하고 항의한다. 하지만 언제나 문제를 해결하는 사람은 20%이고, 그들은 이렇게 반응한다.

"어떻게 하면 그렇게 할 수 있을까?"

"현실에서 가능하게 하려면 어떤 방법이 필요할까?"

"그 방법을 우리 아이에게 적용하자!"

문제를 해결하려는 부모는 결국, 자기 아이만을 위한 최선의 방법을 찾아낸다.

"나부터 스마트폰을 내려 놓자."

"텔레비전을 끄고 책을 읽는 모습을 보여주자."

"읽는 재미와 감동을 아이와 함께 즐기자."

"어떻게 하면 될까?"처럼 '가능성이 있는 방향'으로 질문을 해야 한다. "누가 그걸 모르나요?"라는 방향으로 따지기 시작하면 결국 손해는 모두 나와 내 아이에게 돌아온다.

안 되는 방법은 생각이 필요하지 않지만, 되는 방법은 반드시 깊은 생각이 필요하다. 그래서 언제나 다수는 안 되는 방법을 먼저 떠올린다. 내 아이의 얼굴과 미래를 생각하면, 저절로 깊은 생각을 하게 되고 반드시 좋은 방법을 찾을 수 있을 것이다. 사랑은 꼭 길을 찾는다.

오랜 사색이 창의성을 이룬다

한국의 아이들과 뉴질랜드의 아이들을 대상으로 창의력 테스트를 했다. 미션은 간단하다.

"물컵 모양이 그려진 종이에 원하는 대로 그림을 완성하라."

한국의 아이들은 빠르게 그림을 그리기 시작했다. 마치 입이 없는 아이들처럼 아무것도 묻지 않았다. 하지만 뉴질랜드 아이들은 나름의 질문을 던졌다.

"종이를 회전해도 되나요?"

"저에게 자를 주실 수 있나요?"

이외에도 다양한 질문을 하면서 그림을 그려나갔다. 이 모습을 본 많은 전문가는 다양한 근거를 제시하며, 뉴질랜드 아이들의 창의성에 대해 언급한다.

하지만 사색가는 언제나 본질을 바라본다. 뉴질랜드 아이들뿐만 아니라, 우리가 선진국으로 생각하는 다른 나라 아이들 역시 마찬가지다. 그들이 한국의 아이들보다 창의적으로 보이는 그림을 그릴 수 있는 이유는, '급하게 마치려는 생각을 하지 않았기 때문'이다.

사색을 연구하며 내가 매우 오랜 기간 연구 끝에 알게 된 사실이 있다. 다음 문장을 아이와 함께 필사하고, 느낀 점에 대해 이야기를 나누어보자.

아마추어는 마감을 정해두고 일을 시작하지만,
프로는 스스로 끝났다고 생각할 때까지 멈추지 않는다.
창의성은 결국, 그 사람이 사색하는 시간의 질로 결정된다.

정말 중요한 사실이다. 시간 제한이 없어야 압박감을 느끼지 않을 수 있고, "더 좋은 방법이 없을까?"라는 질문을 멈추지 않을 수 있고, 더 나은 방법을 찾아낼 수 있다. 하지만 숙제나 과제를 제시한 후, 자꾸만 "언제까지 할 수 있겠어?" "지금 시간이 얼마나 지난 줄 알아?" 하고 묻는 부모들이 있다. 시간이 더 지체되면, "그렇게 느려서 앞으로 어떻게 살래!"라는 망치와 같은 말이 나온다. 이런 말들은 아이에게 상처를 주고, 창의성을 망친다. 그래서 아이들은 더욱 사색하지 않는 사람으로 성장할 수밖에 없다. 무조건 빠르게, 그럴듯한 결과를 내기만 하면 혼나지 않기 때문이다.

순결한 창의성은 사라지고, 가장 빠르게 할 수 있는 방법인 타인의 것을 베끼는 삶이 시작된다. 지금 한국의 현실이 적나라하게 그 모든 것을 증명한다.

우리가 그토록 원하고 갈망하는 자기 주도 학습도, 결국에는 더 많은 시간을 아이에게 주면서 저절로 시작한다. 자기 주도 학습을 원하면서 왜 자꾸 마감 시간을 정해주는가? 창의성을 원하면서 왜 남들과 같은 방식을 추구하는가?

하루는 고 이어령 선생이 내게 간절하게 이렇게 말한 적이 있다. 그 모습이 여전히 잊혀지지 않을 정도로 강렬하게 내 안에 자리잡아 있다. “우리, 기억하고 또 기억하자. 모든 아이는 천재로 태어났다. 그런데 태어나면 그 천재성을 부모가 지우고, 회사에 취직하면 직장 상사가 자꾸 지우지. 결국 그렇게 천재로 태어난 대부분의 아이는 그 색이 모두 지워져서 평범한 사람이 되는 거야.” 천재성을 갖고 태어난 아이에게 모자란 것은 오직 시간뿐이다. 간섭하지 말고, 더 방황하며 스스로 실패할 시간을 허락하자.

아이의 재능을 깨우는 결정적인 순간

독일을 대표하는 세계적인 지성, 괴테가 위대한 이유는 그가 귀족이라는 지위를 30대 초반에 스스로 쟁취했기 때문이며, 작가에만 그치지 않고 경제, 과학, 미술, 음악, 자연, 정치 등 수많은 분야에서 최고 수준의 경지에 올랐기 때문이다. 열 사람이 100년을 살아도 하기 힘든 일을 괴테는 단 한 생애 동안 누구보다 완벽하게 해냈다. 그 비결을 어디에서 찾을 수 있을까?

성장의 시작은 그의 아버지로부터 시작한다. 물론 어머니도 자기 전에 책을 읽어주며 그 다음 이야기를 상상하게 하는 등 어린 괴테의 성장에 큰 역할을 했다. 하지만 어머니의 이야기는 이미 많이 알려진 이야기이고 또 괴테의 다양한 재능을 깨운 본질은 아니기 때문에 이번에는 아버지의 이야기만 전하고자 한다.

괴테의 아버지는 제법 많은 재산을 물려받아 황실 고문관으로 만족할 만한 삶을 살았다. 하지만 평생 뚜렷한 직업을 갖지 못했고, 그 모든 것이 귀족이 아닌 신분 때문이라는 콤플렉스를 가지고 있었다. 그래서 어린 괴테가 커서 누가 봐도 멋진 직업을 갖고, 귀족이 되어 이름을 빛내길 바랐다. 그래서 어린 괴테 곁에는 언제나 최고의 가정교사가 있었고 과학, 문학, 종교, 예술 등 다양한 과목을 배우게 했던 것이다.

'에이, 나도 저렇게 부모에게 든든한 지원을 받으면 괴테처럼 될 수 있겠네!'라고 말하는 사람도 있을 것이다. 하지만 여기에서 중요한 건 어린 괴테에게 다양한 공부를 시켰다는 지점이 아니다. 요즘에도 많은 부모가 괴테 부모처럼 자식의 성공을 꿈꾸며 온갖 투자를 서슴없이 한다. 그런데 왜 그 모든 투자는 성공적인 결과를 내지 못하는 걸까? 우리는 부모로서, 끊임없이 스스로에게 질문해야 한다.

'괴테의 아버지와 내가 다른 건 무엇인가?'

그럼 어렵지 않게 내 아이를 위한 교육의 길을 발견할 수 있게 될 것이다. 괴테의 아버지는 자신의 삶을 통해서 우리에게 이런 가르침을 준다. '돈으로는 아이의 재능을 모두 깨울 수 없다.'

돈만 생각하면 수많은 가정교사와 괴테의 멋진 집만 눈에 보이고, 돈이 아닌 부모의 마음을 생각하면 아무도 발견하지 못한 창문 앞 움푹 들어간 곳이 보인다. 그대는 무엇이 보이는가? 돈으로 할 수 있는 건 사실 평범한 것들이다. 아이의 재능을 깨우는 결정적인 역할을 하는 것들은 대게 돈으로 할 수 없는 것들이다.

아버지의 사랑이 괴테의 재능을 깨웠다. 결국 사랑이 모든 것을 가능하게 하는 법이니까. 지금, 어린 괴테를 지켜보는 아버지의 심정을 느껴보라. 창문 앞 나무가 닳고 닳아 미세하게 사라지는 시간의 과정을 사색해보라. 어린 괴테를 사랑하는 아버지의 마음이 느껴지는가? 이번 인문학 필사는 노트가 아닌 가슴에 하라. 그대를 감싼 공기와 체온, 그리고 아들 괴테를 향한 귀한 마음을 그대 가슴에 필사하라. 아이가 그 마음을 느낄 때까지 멈추지 마라.

모든 아이에게는 잠재력이 있다

어린 괴테가 살았던 집, 2층에 있는 창문을 보면 매우 흥미로운 자국이 하나 있다. 사실 이 창문은 집을 지을 때 의도하지 않았던 창문이었기 때문에 전체적인 집의 디자인과 조화를 이루지 못한다. 하지만 괴테의 아버지는 일부러 창문을 하나 더 만들었다. 이유가 무엇일까?

혹자는 그가 어린 괴테를 감시하기 위해 만든 창문이라고 주장한다. 사실 그렇다. 창문에서 보면 큰 길가가 훤히 보여서 어린 괴테가 등교하는 모습과 하교하는 모습까지 확인할 수 있었다. 하지만 나는 다른 것을 보았다. 비난이나 부정의 눈으로 바라보면 남는 게 없다. '여기에 무언가 있다'고 생각하고 바라보자. 그럼 전혀 다른 풍경이 보인다. 아래의 문장을 필사하며, 괴테의 아버지가 창문을 만든 마음을 헤아려보도록 노력하자.

창문을 유심히 관찰하면, 창문 앞 팔을 기대는 나무 부분이 심하게 닳아 있는 걸 알 수 있다. 얼마나 자주, 오래, 아들을 바라보고 있었으면 나무가 움푹 들어간 걸까? 그가 창문을 하나 더 만든 이유는 아들을 향한 뜨거운 사랑 때문이었을 것이다.

공감력과 배려심을 키우는 최고의 방법

아이들이 자라서 앞으로 어떤 일을 하게 되든, 마음의 중심에는 타인의 마음에 감정이입하는 능력이 있어야 한다. 대체 어디에서, 어떤 방법으로 내 아이가 타인의 감정에 이입할 수 있도록 할 수 있을까? 물론 힘든 일이다. 하지만 이 말을 기억하면 도움이 될 것이다.

'내가 가장 아픈 상태에서 나보다 더 아픈 사람 발견하기.'

감정이입을 배울 수 있는 가장 좋은 장소는 병원이나 약국이다. 이때 중요한 게 하나 있다. 눈에 보이는 몸의 병으로 아픔을 판단하지 말아야 한다. 그건 매우 상대를 차별하는 나쁜 방법 중 하나다. 아무도 발견하지 못한 숨어 있는 고통을 발견해야 한다.

보통 병원은 한 건물에 모여 있고, 1층에는 약국이 있다. 여기까지는 다들 말하지 않아도 안다. 그런데 우리는 중요한 사실 하나를 놓치고 있다. 병원 건물을 관리하는 경비실에 앉아 있는 사람이다.

자주 가는 6층짜리 병원 건물이 하나 있다. 모든 층에 병원이 입주해 있고, 정문을 열고 들어가면 경비실 옆에 있는 엘리베이터를 타고 올라가는 방식이다. 당신도 자주 가는 병원을 생각하며 내 이야기를 들어보라.

더운 여름이었다. 놀랍게도 1층 경비실과 붙어 있는 약국은 정문을 열어 에어컨 냉기를 경비실과 공유하고 있었다. 겨울에도 마찬가지로 온풍기를 틀어 공기를 공유했다. 사실 나는 그 정도로 넓은 마음을 가진 약국을 거의 본 적이 없다. 온도를 나누는 모습을 보며 내 가슴은 뜨거워졌다. 물론 경비실에 난로가 있지만, 병원에 찾아오는 고객이 1분에 1회 이상 문을 여닫으니 냉기가 잘 사라지지 않아서 버티기 힘들었을 것이다.

하지만 그래도 쉬운 결정은 아니었을 것이다. 냉난방에 들어가는 비용이 만만치 않기 때문이다. 대체 경비실을 지키는 할아버지의 어떤 점이 약국 주인의 마음을 열었을까?

최근 나는 그 비결을 알아냈다. 추운 겨울, 영하 10도에 가까운 날이었는데 마침 엘리베이터가 고장이 났다. '수리 중입니다'라고 쓰여 있는 엘리베이터 앞에서 할아버지는 문을 열고 들어오는 손님 모두에게 같은 자세로 인사했다.

"정말 죄송합니다. 너무 추운데 엘리베이터가 고장이 나서 수리 중입니다. 죄송하지만 계단을 이용해주시면 감사하겠습니다."

그는 밝은 웃음으로 병원을 찾은 모든 손님 한 명 한 명을 따뜻하게 대했다. 병원을 찾는 손님들도 6층까지 올라갔다 내려오면서 싫은 소리 한마디 하지 않았다. 오히려 고령의 할머니까지 "덕분에 오랜만에 운동도 하고 좋네"라고 웃으며 문을 열고 나간다. 어린 아이도, 아이의 부모도 모두 마찬가지다. 서로 잘 모르는 그들이 정겨운 가족처럼 보였다. 따뜻한 가족 영화 같은 그 모습을 바라보며 나는 알 수 있었다. 왜 할아버지가 사람들의 사랑을 받고 있는지.

인생의 원리는 매우 간단하다. 사랑하는 연인에게는 사랑받는 비결을 배울 수 있고, 증오하는 사람들 사이에서는 증오의 이유를 발견할 수 있다. 우리는 인생에서 알아야 할 모든 것들을 일상에서 늘 스쳐 지나보내고 있다. 문제는 바로 상황을 봐도 잘 모른다는 사실에서 생긴다. 머리가 아닌 마음의 눈으로 세상을 보는 아이로 키우고 싶다면 이 부분에 주목해야 한다.

'무심히'가 아니라 '유심히' 그리고 '주목'해서 바라봐야 다른 사람의 마음이 보인다. 그런 시선으로 세상을 바라보지 않으면, '경비원 주제에! 그렇게 정성을 다하면 누가 알아주나? 그런 정신으로 사니 늙어서 경비원이나 하고 있지!'라는 말만 하는 어른으로 자랄 수밖에 없다.

사람을 제대로 안다고 생각하지 말자. 사소한 일이라고 생각하지 말자. 세상과 사람을 주목해서 바라보자. 나보다 더 힘든 사람과 더 고통 받는 사람을 찾아서 따스하게 안아주겠다는 마음을 갖자. 그 마음만 갖고 세상을 바라보면 보이지 않던 것들이 보인다. 부모가 그런 마음으로 살아가고 행동한다면 아이는 자연스럽게 부모의 모습을 보고 배울 것이다.

타인을 위한 진정한 배려는 무엇인가

공감과 배려를 제대로 하기 위해서는 먼저 상대에 대해 잘 알아야 한다. 아는 만큼 마음을 전할 수 있기 때문이다. 자연을 관찰하는 것처럼 사람의 마음과 말, 행동도 관찰하는 버릇을 들이는 게 좋다. 아래의 시는 내가 괴테로부터 얻은 '완벽한 관찰'에 대한 가르침이다.

우리는 세상을
무심히 봤거나,
유심히 봤지,
주목해서 바라보지 않는다.
햇살 한 조각에 주목해서
기쁨과 슬픔의 눈물을 흘린 적이 없다면,
나는 아직 햇살을 제대로 모른다.

늘 사랑을 갈구하는 이유 역시 거기에 있다.
햇살 없는 삶을 살아서,
뜨거운 사랑의 존재를 모르는 것이다.

독창성을 길러주는 릴케의 글쓰기

인공지능이 인간의 삶을 바꾼다며 이런 기사가 쏟아지고 있다.

"10년 후 없어질 직업은 무엇인가?"

"로봇이 대신할 수 없는 일을 하라!"

이런 기사를 접할 때마다 부모의 가슴은 무너진다. 자신이 사는 세상도 힘들지만, 아이들이 살아갈 세상은 더욱 살기 힘들어질 것이라는 불안한 생각이 들기 때문이다. 내일을 걱정해야 하는 이 세상에서, 어떤 시대의 변화에도 흔들리지 않고, 오히려 시간이 지날수록 완벽한 경쟁력을 갖춘 아이로 키우고 싶다면, 오직 하나 '독창성'을 길러줘야 한다. 독창성은 '나를 나로 살게 하는 힘'이고, 유일한 무언가를 창조할 수 있는 최고의 경쟁력이다.

세계적으로 가장 많이 사랑받는 시인 중 한 명인 라이너 마리아 릴케는 미숙아로 태어났다. 불행한 환경에서 허약한 몸으로 태어난 그를 최고의 시인으로 만들어준 건, 고독에서 기른 독창성이었다. 같은 상황에서 같은 것을 바라봐도, 그는 다른 것을 썼다. 그가 쓴 글은 남달랐다. 하지만 릴케가 다른 천재 시인들처럼 어린 시절부터 천부적인 재능으로 세상이 깜짝 놀랄 시를 썼던 것은 아니었다. 오히려 이 점이 우리를 더욱 안심하게 한다. 누구나 노력으로 릴케처럼 독창적인 사람이 될 수 있다는 증거이기 때문이다. 릴케가 직접 알려준 '독창성을 기르는 방법 두 가지'를 소개한다.

1. 비평적인 글은 읽지 마라

그런 글은 억지로 어느 한 쪽을 편드는, 생명력 없는 교활한 언어 장난에 지나지 않기 때문이다. 되도록 비평보다는 긍정의 시선으로 좋은 부분을 발견하려고 노력하는 글을 자주 읽는 게 좋다. 창조는 언제나 '여기 무언가 있다'라는 긍정의 시선에서 시작하기 때문이다.

2. 옳다고 믿는다면, 내면의 말에 따르라

내면의 명령에 따라야 한다. 지금 자신이 틀렸다고 생각하는 이유는 내적 성장이 제대로 이루어지지 않았을 가능성이 높다. 언제든 스스로 생각하고 판단하라. 그 어떤 것에도 얽매이지 않고 스스로 발전해야 한다.

챗GPT 시대를 멋지게 이끌 사람으로 키우기 위해서는, 부모가 먼저 아이의 머리와 가슴을 깨우는 지성인이 되어야 한다. 어려운 일은 아니다. 이 책을 반복해서 읽고 아이와 함께 필사를 시작하면 만날 수밖에 없는 현실이기 때문이다. 그리고 틈이 날 때마다 자연을 보라.

앙상한 나무줄기에서 새순이 돋아나는 건, 한마디로 기적이다. 시가 아니면 그걸 가능하게 할 수도, 기적을 언어로 표현할 수도 없다. 그게 자연이 독창적인 이유다. 세상의 모든 철학자와 사상가들은 입을 모아 이렇게 말한다. "자연만큼 독창적인 것은 없다. 자연에서 배우지 않는다는 건, 평생 남이 걷는 길을 뒤에서 따라가며 모방자의 삶을 살겠다는 말과 같다."

아이가 위의 내용을 이해하지 못하거나, 그렇게 살아야 할 이유를 모르겠다고 말하면 이 문장을 보여주자.

달리는 자동차에서 잠을 자면
출발점과 도착점만 기억에 남는 것처럼,
세상은 삼자는 사람에게는
독창적인 아름다움을
결코 보여주지 않는다.

독창적인 아이로 키우고 싶다면, 긴 잠에서 깨어나게 하라. 아이의 삶이 시가 되게 하라.

시를 쓰는 마음, 기다리는 마음을 배워라

누군가를 비평하려는 마음으로는 '독창적'이라는 고지에 오를 수 없다. 비평에는 창조의 에너지가 존재하지 않기 때문이다. 또한, 내가 옳다고 믿는 그 생각과 판단을 그대로 밀고 나가야 한다. 독창성도 결국 겸허함과 인내로 하나하나 만들어나가는 수공예품이다.

독창적인 사람이 된다는 건, 매일 시를 쓰며 산다는 것을 의미한다. 아래 문장을 아이와 부모가 함께 읽고, 쓰고, 대화로 풀어보자.

> "나무는 억지로 수액을 내지 않으며, 봄의 폭풍 속에서도 의연하게 서 있습니다. 혹시나 그 폭풍 뒤에 여름이 오지 않으면 어쩌나 하는 불안감도 없습니다."

릴케는 이렇게 말했다. 자연은 기다릴 줄 안다. 그 기다림 안에는 성장에 대한 믿음과 뜨거운 사랑이 담겨 있다. 매일 뜨거운 마음으로 시를 쓰는 셈이다. 시를 쓰는 자연에서 시의 마음을 배워야 한다.

몰입하며 발견하는 뉴턴의 사색법

세계 어느 나라의 동전이든 유심히 살펴보면 가장자리가 평평하지 않고 톱니바퀴처럼 튀어나와 있다는 사실을 알 수 있다.

"도대체 왜 동전의 가장자리를 그렇게 만든 걸까?"

아이와 함께 생각해보라. 모든 현상에는 나름의 분명한 이유가 있다. 동전 가장자리에 난 톱니바퀴 모양은 인간의 욕심에서 시작했다. 과거에는 동전을 실제로 금과 은으로 만들었다. 자기 이익을 위해서는 어떤 일도 서슴지 않고 벌이는 이기적인 사람들이 그 좋은 기회를 놓치지 않았다. 주화의 가장자리를 몰래 깎아내 이득을 챙기려는 사람들이 생겼고, 조금만 긁어내도 금방 주화 이상의 가치를 얻을 수 있도록 가장자리를 톱니바퀴 모양으로 만들기 시작했다. 자연스럽게 톱니바퀴가 없는 돈은 사람들이 받지 않으려고 했고, 불량 동전이 유통되지 않으면서 상황은 종료되었다.

여기까지는 아이 입장에서 흥미롭지 않을 수 있다. 문제는 앞으로의 전개다. 이때 한국의 실상을 알려주며 관심을 증폭시켜주면, 스스로 동전을 찾아 톱니바퀴 수를 헤아릴 정도로 적극적으로 사색 활동을 확장할 수 있다.

우리나라는 구한말부터 동전의 테두리를 톱니 형태로 만들었고, 현재 사용하는 동전의 톱니바퀴 수는 액면에 따라 모두 다른데, 50원짜리에는 톱니바퀴가 109개, 100원짜리는 110개, 500원짜리는 120개로 구성되어 있다. 더 상황에 몰입하게 하고 싶다면, 이런 질문으로 아이의 호기심을 이어가면 좋다.

"대체 누가 이런 디자인을 생각해낸 걸까?"

톱니형 테두리를 처음 만든 사람은 바로 만유인력의 법칙을 발견한 영국 과학자 아이작 뉴턴이다. 그는 우리에게 그저 과학자로만 알려져 있지만, 실제로 매우 다양한 일을 했는데, 정계에 진출해 국회의원으로 활동하기도 했고 말년에는 왕립조폐국 장관을 맡기도 했다. 당시 금화나 은화를 조금씩 깎아내 빼돌리는 화폐 훼손행위가 빈번했는데, 이것을 방지하고자 뉴턴의 아이디어로 동전 테두리에 톱니를 넣기 시작한 것이다.

뉴턴이 다방면에서 능력을 발휘할 수 있었던 이유 중 하나가 바로 '몰입'에 있다. 몰입이 중요한 이유는 단순히 그것에 집중하는 데 그치지 않고, 그 사람의 의식 자체를 바꿔준다는 데 있다. 몰입하는 사람은 사물을 바라보는 시선이 조금씩 달라진다. '여기에 무언가 있다' '반드시 무언가를 발견할 수 있다'는 마음으로 사물을 관찰하게 되기 때문이다. 그래서 그들은 빠르게 '사물의 양면성을 발견하는 능력'을 갖게 된다. 1초도 쉬지 않고 생각하기 위해서는 필요한 능력이 하나 있다. 지루함을 느끼지 못할 정도로 같은 사물에서 다른 면을 발견해 내는 힘이다.

그래서 뉴턴은 대상에 몰입하는 내내 1초도 쉬지 않고 생각했다. 걷고 마시고 일상을 살아가는 내내 생각의 코드를 뽑지 않았다. 뉴턴의 만유인력 법칙 발견의 비법은 멈추지 않고 내내 그 생각만 했다는 데 있다. 우리가 천재로 부르는 과학자 아인슈타인도 마찬가지다. 그는 자신의 창조력의 근원을 '몇 달이고 몇 년이고 생각하고 또 생각한 힘의 합'이라고 밝혔다. 몰입은 결국 한 사람의 삶을 극적으로 바꾼다. 하지만 이것 하나를 꼭 기억해야 한다. 바로 그가 말한 몰입의 비결은 결국 '인내'라는 사실이다. 끝까지 견디는 사람만이 몰입의 기쁜 순간을 경험할 수 있고, 무언가를 창조할 기회를 잡을 수 있다.

생물진화론에서 거대한 족적을 남긴 찰스 다윈도 마찬가지였다. 그는 어린 시절 딱정벌레 두 마리를 각각 한 손에 들고 있다가 한 마리를 더 잡기 위해 그 중 한 마리를 잠시 입에 넣었다가 큰 고생을 해야 했다. 뉴턴처럼 다윈도 몰입하는 순간 모든 상황을 잊은 것이다. 그 중심에 대체 어떤 근원적인 힘이 존재하는 걸까?

뉴턴은 전문 분야인 물리학보다 연금술과 성경 연구에 더 많은 시간을 투자했다. 가장 중요한 부분이다. 이 부분을 읽으며 단순하게 그가 물리학보다 다른 영역에 관심이 많았던 사람이라고 생각한다면, 자신을 문장이 품은 의미의 반 정도만 받아들이는 평균 수준의 독서가라고 생각하면 된다. 문장이 품은 의미의 100% 받아들일 수 있는 사람만이 결과의 본질을 발견할 수 있다. 그는 결과를 중시하는 사람이 아니었다. 과정을 중시했기 때문에 순간에 몰입할 수 있었고, 다른 분야에 대한 관심을 가질 수 있었다. 만약 그가 반드시 결과를 내야 한다는 생각에 매몰되어 있었다면 당장 결과를 내기 위해 자기 분야에만 집중했을 것이다.

하루는 논문 출판을 거듭 촉구하는 이에게 뉴턴은 이렇게 말했다.

"좋습니다. 다만 내 이름이 들어가지 않아야 합니다. 출판으로 친분이 늘어날 수도 있겠지만, 나는 그걸 줄이기 위해 주로 연구를 하니까요."

잊지 말자. 자기 능력과 결과물을 세상에 드러내거나 자랑하지 않는 삶의 태도가 몰입 수준을 결정한다. 몰입은 가장 순수한 상태에서 순수한 의도로 시작해야 한다는 사실을 아이가 삶에서 실천하게 하자.

가장 귀한 단어 '인내'

뉴턴은 자신이 이룬 업적에 대해 '거인들의 어깨에 서 있었던 덕분'이라고 말했다. 그가 말하는 거인이란 '몰입에 빠진 자신'이라고 볼 수 있다. 뉴턴의 학문적 관심사는 수학과 물리학, 광학의 영역에 국한되지 않았다. 자신의 흥미를 끄는 대상에 몰두하는 능력은 일반적인 범주를 완전히 벗어나 있었다.

뉴턴은 동물을 좋아해서 고양이와 함께 살았는데, 어떤 문제에 빠지면 식사도 잊고 몰입하는 그의 일상이 반복되자, 그의 고양이는 사뿐하게 접시 위로 올라가 그가 남긴 음식을 먹었고, 나날이 뚱뚱해졌다. 물론 그는 그 사실을 아주 오랜 후에 알게 되었다. 몰입하면 다른 것이 보이지 않았다.

가끔 뉴턴의 집에는 손님이 찾아왔다. 하지만 그의 몰입은 실로 대단한 것이었다. 하루는 손님이 찾아오자, 그는 포도주를 가지러 서재로 갔는데, 갑자기 자리에 앉아 종이에 무언가를 쓰기 시작했다. 대체 이유가 무엇일까? 생각이다. 그는 아무리 바쁜 상황에서도 어떤 생각이 떠오르면 모든 상황을 잊고 종이 앞에 앉아 생각을 기록했다.

어린 시절부터 그는 늘 새로운 관심사를 찾았고, 한번 흥미를 느끼면 여지없이 깊이 몰두했다. 항상 침착하고, 말이 없고, 사색을 멈추지 않았다. 물론 처음부터 그의 몰입과 사색 능력을 아이에게 전파할 수는 없다. 다만, 그가 자신의 삶을 돌아보며 남긴 수많은 말을 필사하며 그런 삶의 자세를 갖출 수는 있다. 다음 문장을 읽고, 필사하게 하라.

> **진리는 여전히 미지의 세계로 남아 있다. 내가 세상에 어떤 모습으로 보일지 모르지만, 내 생각에는 단지 해변에서 놀다가 이따금 남달리 더 매끈한 자갈이나 예쁜 조가비를 찾는, 평범한 소년과 다름없는 것 같다.**
> **그리고 내 앞엔 아직 모습을 드러내지 않은 거대한 진리의 바다가 남아 있다. 자연은 일정한 법칙에 따라 운동하는 복잡하고 거대한 기계다. 그러니 무언가를 발견하고 싶다면 끝까지 해보라. 내가 살아가면서 발견한 가장 귀한 단어는 '인내'였다.**

자기 삶을 스스로 결정하는 아이는 몸가짐이 다르다

1570년 12월 8일(양력 1월 3일), 한 남자가 70세 생일을 맞이했다. 하인에게 평소 아끼던 매화에 물을 주라고 한 다음, 의관을 정제하고 몸단장을 바로 했다. 마침 몸이 아파 피곤했지만, 지친 몸을 일으켜 최대한 단정한 자세로 앉았다. 놀랍게도 이것이 그의 생전 마지막 모습이었다. 본인의 생일날 세상을 떠난 것이다. 하지만 우리가 주목할 부분은 그가 아픈 몸이지만 평소처럼 아끼는 매화에 물을 주라고 하고, 지친 몸을 일으켜 단정한 자세로 죽음을 맞이한 부분이다. 그는 죽음마저 자신이 결정한 것처럼 철저하게 준비했다.

놀라운 사실이 더 있다. 그의 준비는 1570년 11월 초로 거슬러 올라간다. 죽음을 예감한 그는 오랜 시간 해온 강의를 그만두고 제자들을 고향으로 돌려보냈고, 죽기 5일 전인 12월 3일에는 제자들에게 다른 사람들로부터 빌린 책을 모두 돌려보내도록 했다. 다음 날에는 조카에게 유서를 쓰게 했다. 12월 5일에는 시신을 염습할 준비를 하도록 명하고, 드디어 12월 7일 제자 이덕홍에게 자신의 모든 책을 맡겼다. 그렇게 모든 일을 마친 후, 12월 8일 자신의 생일에 세상을 떠난 것이다.

앞서 소개한 놀라운 이야기의 주인공은 조선 중기의 문신이자 유학자였던 퇴계 이황이다. 이황은 주자의 사상을 깊게 연구하여 조선 성리학 발달의 기초를 형성한 대학자였다. 그는 어머니에게 배운 몸가짐에 관한 가르침을 평생 실천하며 살았다. 그리고 자신이 실천한 것들을 모아 '수신십훈修身十訓'이라고 이름 짓고, 자신의 삶을 스스로 결정하며 살기를 원하는 제자들에게 전파했다. 아이에게 이황의 수신십훈을 필사하게 하라. 다만 이번에는 조금 어려운 단어와 이해하기 쉽지 않은 부분이 있으니, 부모가 자세하게 설명한 후에 필사를 시작하는 게 좋다.

1. 입지立志

먼저, 뜻을 높이 세워야 한다. 성현을 목표로 하고, 털끝만큼도 자신이 못났다는 생각을 하지 마라.

2. 경신敬身

언제나 몸을 경건히 하라. 바른 모습을 지키고 잠깐이라도 제멋대로 행동하거나 불손한 태도를 보이지 마라.

3. 치심 治心

마음을 바로 다스려야 한다. 마음을 깨끗하고 고요하게 유지하고, 흐릿하고 어지럽게 놓아두지 마라.

4. 독서 讀書

책을 열심히 읽어야 한다. 읽기만 해서 되는 게 아니고, 읽으면서 뜻을 이해해야 하며 말과 문자에만 매달리지 마라.

5. 발언 發言

말을 정확하고 간결하게 하며, 자제하고 이치에 맞게 함으로써 자신과 남에게 도움이 되도록 하는 게 좋다.

6. 제행 制行

행동을 자제하는 게 중요하다. 행동을 반드시 바르고 곧게 해야 하고 도리를 잘 지켜서 세속에 물들지 않도록 주의해야 한다.

7. 거가 居家

가정생활에 충실하라. 가정에서는 부모님께 효도하고 형제자매와 우애를 다하며 윤리를 지킴으로써 서로의 은혜와 사랑을 굳게 하는 게 인간의 도리다.

8. 접인 接人

사람을 소중하게 생각해야 한다. 만나는 사람들을 성실과 신의로 대하고, 모든 사람을 사랑하고, 어진 사람들을 더욱 가까이 두라.

9. 처사 處事

매사를 옳게 처리하라. 업무에 임해서는 옳고 그름을 철저히 분석하고 쉽게 분노하지 말며 욕심을 줄여나가라.

10. 응거 應擧

편안한 마음으로 시험에 응시하라. 시험에 관해서는 득실을 따지지 말고 최선을 다해서 준비하고 평안하게 치른 다음 천명을 기다리라.

자세한 설명과 필사가 끝나면 이제 본격적인 교육이 시작된다. 바로 부모가 먼저 몸가짐을 바르게 하는 것을 일상에서 아이에게 보여주는 것이다. 퇴계 이황이 어려운 환경을 극복하여 위대한 학자의 반열에 오를 수 있었던 힘은 어디에 있었을까? 어머니가 보여준 일상의 가르침에 있었다. 비록 아버지는 이른 나이에 세상을 떠났지만, 일상에서 끊임없이 보여준 어머니의 가르침은 그를 위대한 대학자로 성장하는 데 큰 역할을 했다.

퇴계 이황은 어려운 환경을 극복하여 위대한 학자의 반열에 오른 사람이었다. 비록 아버지는 이른 나이에 세상을 떠났지만, 어머니의 가르침은 그를 위대한 대학자로 성장하는 데 큰 역할을 했다.

"세상 사람들은 과부의 자식은 교양 없다고 비방하니, 지식에만 치중하지 말고 몸가짐과 행실을 바르게 하라. 너는 남보다 백배 노력해야 한다."

"백배 노력해야 한다"라는 어머니의 말은 이황의 삶에 어떤 영향을 끼쳤을까? 훗날 그가 쓴 어머니 묘비문에는 이런 글이 쓰여 있다.

"나에게 가장 영향을 주신 분은 어머니다. 어머니께서는 문자를 모르셨다. 사람의 도리를 보여주셨다."

자녀 교육에 있어 가장 중요한 부분이다. 이황의 어머니는 말로만 그를 교육한 게 아니라. 일상과 삶에서 가르치고 싶은 것들을 직접 실천하며 보여줬다. 백배 노력해야 한다는 말은 누구나 할 수 있다. 하지만 누구에게나 그 말을 할 자격이 주어지는 건 아니다. 그의 어머니는 스스로 백배 노력하며 그 자격을 먼저 갖추었고, 말은 그 이후에 했다. 이것이 바로 퇴계 이황을 자기 삶을 스스로 결정하는 대학자로 만든 경쟁력의 모든 것이라 볼 수 있다.

자기 주도성은 세상을 대하는 태도에서 길러진다

"그 상황에서는 네가 허리를 더 굽혔어야지!"

"그때 네가 그렇게 저자세로 나갈 필요는 없었어!"

세상이 요구하는 어른이 되면, 사람과 상황을 대하는 자세가 가장 먼저 달라진다. 상황에 따라 다르게 행동해야 하고, 그걸 잘하면 어른이 되었다고 말한다.

나는 다르게 생각한다. 진정한 어른이라면, 오히려 늘 같은 태도와 표정이어야 한다. 사람과 상황에 따라 다르게 말하고 행동하는 것. 이런 태도가 바로 우리가 비난하는 갑과 을의 문제를 만든 것이 아닐까? 그렇게 갑의 행태를 비난하지만, 우리는 언제나 갑이 될 준비를 마친 상태다.

언제나 모든 교육은 아이 때 시작해야 한다. 아이가 자기 삶을 주도하기 위해서는 무엇보다 언제나 같은 마음으로 세상과 사람을 대하는 자세를 갖고 있어야 한다. 아이가 다음 시를 읽고 쓰도록 하자.

나는 기도한다.

어떤 바람이 지나가도 고개를 숙이는 꽃송이처럼,
어떤 비바람이 몰아쳐도

다시 떠오르는 태양처럼,
어떤 파도가 밀어닥쳐도
같은 마음으로 받아주는 바다처럼,
그렇게 살겠다.

꽃처럼, 태양처럼, 바다처럼
우리 그렇게 세상을 살아보자.
같은 마음으로, 같은 눈빛으로 세상을 사랑하자.

불편을 참고, 주어진 환경에 감사하기

'7명의 생명줄이 끊어졌다.'

5명의 자녀와 부인까지, 6명의 가족을 홀로 부양하는 가장이 죽었다. 죽음의 과정은 참 어처구니없었다. 그는 '가족을 위해 더 많은 돈을 벌겠다'고 생각하고, 위험하지만 아파트 외벽에 매달려 페인트를 칠하는 일을 선택했다. 하지만 그는 매우 성실하게 자기에게 주어진 일을 해냈다.

그날도 마찬가지였다. 게다가 사촌 동생과 함께 작업을 하던 날이었다. 사촌 동생은 피곤하다는 이유로 일을 쉬려고 했지만, 그는 동생이 그럴 때마다 "그래도 일을 빠지면 안 된다" 하고 말하며 함께 출근했다. 정말 성실한 가장이었다. 하지만 사촌 동생은 그날, 그가 하늘에서 추락하는 모습을 봐야만 했다.

사건의 발단은 그들이 일하는 동안 두려움을 이겨 내기 위해 스마트폰으로 재생한 음악에서 시작했다. 아파트에 거주하는 한 주민이 "음악 소리가 시끄럽다"고 항의를 했고, 곧 사촌 동생은 음악을 껐다. 하지만 사촌 동생과 멀리 떨어져 있어서 주민이 항의하는 소리를 듣지 못했던 그는 미처 음악을 끄지 못했다. 잠시 후 13층 높이에서 작업을 하던 그의 밧줄이 갑자기 끊어졌다. 음악을 끄지 않아 분노한 주민이 옥상에 올라가 칼로 밧줄을 끊어버린 것이다.

떨어지는 순간, 그는 생후 27개월의 아이를 포함한 5명의 자식, 그리고 외동딸로 자라면서 외로움을 많이 겪어 자식들에게는 형제 자매를 많이 만들어주기를 원했던 사랑하는 아내가 생각났을 것이다. 사랑하는 가족을 남기고 이대로 죽어야 한다는 것이 얼마나 가슴 아프고 억울했을까. 고층에서 일하는 게 위험하고 힘들었지만, 그는 쉬는 날도 없이 누구보다 열심히 일했다. 넉넉하지는 않아도 행복했고, 오늘보다 조금 더 나은 내일도 꿈꿨다. 하지만 이제 모든 희망이 사라졌다. "아빠 사랑해요"라는 말을 해야 할 27개월의 어린 아이는 지금, 그 예쁜 얼굴로 엄마에게 "아빠 언제 집에 와?"라고 묻고 있을지 모른다.

정말 말도 되지 않는 사건들이 매일 일어나고 있다. 한 아이를 지독한 방법으로 왕따를 시켜 자살하게 만들고, 전교 1등을 놓친 2등이 성적을 비관해 옥상에서 떨어져 자살한다. 그때마다 언론에서 꺼내는 단어가 바로 '분노 사회'라는 말이다. 하지만 나는 '감정 노동' '분노

사회' 등의 단어는 오히려 우리의 삶을 초라하게 만든다고 생각한다. 사는 게 힘들지 않았던 시대는 거의 없었다. 모두가 나름의 고통을 인내하며 살아왔다.

그런데 왜 유독 최근에 상상을 초월하는 범죄가 늘어나는 걸까? 나는 범죄자들이 순간의 감정과 분노를 제어하지 못해서 악독한 범죄를 저지른다고만 생각하지 않는다. 어쩌면 그들은 평생 그런 사람이 될 준비를 하던 사람이었다. 순간적으로 자신을 제어하지 못한 게 아니라, 이미 그런 사람이었던 것이다.

모든 것은 쌓인다. 쌓여서 그 사람의 인생을 결정한다. 세상에 갑자기, 저절로 이루어지는 것은 없다. 말도 안 되는 사건이 터질 때마다 가해자는 늘 "내게는 정신병이 있습니다"라고 말한다. 정신병이기 때문에 감형이 되기도 한다. 실제로 그에게 정신병이 있고 그 병이 사건을 저지르는 데 일조했다 할지라도, 우리는 그 정신병의 근원을 밝혀내야 한다.

엄청난 결과도 결국 사소한 부분에서 시작한다. 여기서 중요한 것은 '모든 문제는 사소할 때 해결해야 한다'라는 사실이다. 때를 놓치면 평생을 후회하며 살아야 한다. 지금 주어진 환경에 감사하는 마음을 가지고, 그것이 얼마나 인생에 중요한 영향을 주는지 스스로 깨달을 수 있게 해야 한다.

중요한 건 주어진 환경에 감사하는 마음이다. 그들은 어떤 작은 물건도 하찮게 여기지 않고 소중하게 대한다. 답은 '사람과 사물에 대한 사랑과 애정'에 있다. 사물과 사람을 사랑하는 사람은 절대 그 사람의 가치를 낮게 바라보지 않는다. 부모의 행동이 정말 중요하다. 사소하다고 생각할 수도 있지만, 나는 선풍기의 버튼을 절대로 발로 누르지 않는다. 반드시 허리를 숙여 손가락으로 버튼을 누른다. 30분 이상 틀어놓지도 않는다.

내 행동을 보고 "너무 심한 거 아니냐?"라고 말할 수도 있다. 하지만 나는 사소한 것이 모여, 그 사람의 삶과 철학을 결정한다고 생각한다. 주어진 환경과 생명, 나와 다른 존재를 소중하게 여기는 아이는 절대 선풍기를 발가락으로 작동하지 않는다. 뜨거운 자기 몸을 시원하게 해주는 소중한 물건의 고마움을 알기 때문이다.

우리는 우리를 지켜주고 편리하게 살게 해주는 다양한 사람, 사물의 고마움을 잊고 있다. 이 마음을 지킨다면 쉽게 분노하며 타인에게 폭력을 행사하는 일도, 자신의 불편함을 조금도 참지 못하고 남에게 피해를 주는 일도 없어질 것이다.

그러나 사실 이 마음을 아이에게 전하고 설명하는 건 쉬운 일이 아니다. 내게는 작은 것 하나에도 감사하는 마음을 갖게 만들기 위한, 가장 간단하면서도 누구나 할 수 있는 좋은 방법이 하나 있다. 나는 가끔 뒤로 걷는다(부모와 아이가 함께하면 좋다). 그리고 내가 걸을 때마다 내 발에 밟히고 쓰러진 작은 풀과 개미를 본다. 나라는 사람을 세상에 세우기 위해, 앞으로 나가도록 응원해주기 위해, 자신의 소중한 삶을 희생해준 고마운 존재에 대한 사랑을 잊지 않기 위해서다.

고마움을 모르는 아이는 성장해서 사물의 쓰임새와 사람의 생명을 우습게 아는 사람이 될 가능성이 높다. 지금은 사소하다고 볼 수도 있지만, 무서운 건 앞서 말했듯 '인생은 쌓인다'는 사실이다. 지금 주변의 온갖 사물을 바라보며 생각하라. 세상에서 일어나고 있는 수많은 이상한 일들이 바로 그것들의 부작용이다. 주어진 환경에 대해 감사하지 않는다면, 앞으로 우리는 더 심한 사건을 보게 될 것이다.

과정이 간단해지고, 더 쉽게 원하는 것을 얻고, 움직이지 않아도 저절로 모든 게 만들어지면, 그걸 주관하는 우리의 삶은 어떻게 될까? 피할 수 없는 변화는 어쩔 수 없지만, 일상에서 우리가 할 수 있는 부분은 제어할 필요가 있다. 주변에 있는 작은 것 하나라도 아이가 그것에 대한 감사의 마음을 갖게 하라. 그게 바로 내 아이를 주어진 환경에 감사하는 아이로 키우는 최선의 방법이다.

나에게 도움을 주는 존재들을 생각하기

주어진 환경에 감사하기 위해서는 지금 '내가 무엇을 누리고 있는지'를 먼저 알아야 한다. 예를 들어, 계절마다 우리가 다양한 기계의 도움을 받는 것처럼 말이다. 이런 기계들에 대해 아이와 이야기하고, 다음 글을 필사하게 하자.

뜨겁게 달아 오른 엔진은
덥지만 우리를 위해
자동차 안에서 자기 일을 묵묵히 하고 있습니다.
에어컨도 마찬가지입니다.
이 더운 날, 실외기는
자기를 희생하며 우리를 시원하게 해주기 위해
고생하고 있습니다.
우리는 늘 누군가의 도움을 받으며 살아갑니다.
나는 그 모든 것들의 고마움을 알고 있습니다.

창조자들이 대상에 몰입하는 네 가지 방법

'편의점 앞에 놓인 의자에 앉아 컵라면을 먹으면서, 스마트폰 게임에 빠진 아이들.'

초등학교 앞에서 가장 흔하게 볼 수 있는 풍경 중 하나다. 밤늦게 메신저를 하다가 늦잠을 자기도 하고, 걸어가는 아이들 중 다수는 스마트폰 화면을 바라보고 있는 게 현실이다. 스마트폰 중독에 빠진 아이들을 구하기 위해 많은 어른이 다양한 프로그램을 만들었다. 인터넷에서 검색하면 쉽게 이런 프로그램을 찾아볼 수 있다.

'스마트폰 중독 치유 캠프 시작'

'스마트폰 중독 예방사업 추진'

'스마트폰 중독자 위해 찾아가는 상담 서비스'

많은 아이가 스마트폰을 사용한다. 거리를 걷다 보면 초등학교 4학년 이상 아이들의 손에는 절반 이상 스마트폰이 들려져 있고, 그중 절반 정도는 게임이나 인터넷 중독에 빠져 있는 상태다. 앞에서 나열한 스마트폰 중독에서 빠져나오는 프로그램의 기본 원칙은 '아이들 주변에 스마트폰을 두지 않는 것'에서 시작한다. 아이를 괴롭히는 스마트폰이라는 물건 자체를 아예 아이들의 삶에서 삭제하는 것이다. 하지만 나는 그건 근본적인 해결책이 아니라고 생각한다. 인간은 언제 어디서 어떻게 중독에 빠질지 알 수 없는 연약한 존재다. 당장 부모 눈앞에서 하지 못하게 한다고 아이들이 밖에서도 그것을 하지 않는 것은 아니다. 빼앗는 방법으로 중독을 막을 수는 없다. 가장 현명한 방법은 아이의 삶을 망치는 대상과 함께 살며 자기 의지로 제어할 수 있게 하는 것이다. 그 방법이 아이들의 삶에 실질적인 도움이 된다.

아주 간단한 방법이 있다. 내가 '중독'이라는 키워드를 '창조자'와 연결한 이유는, 세상에서 가장 중독에 빠지기 쉬운 사람이 바로 창조자이기 때문이다. 호기심과 집중력이 강한 그들은 언제나 어딘가 빠질 준비가 되어 있는 사람들이다. 하지만 그들은 중독에 빠지지 않고, 대신 '몰입'이라는 감정을 꺼내 든다.

'중독'과 '몰입'이라는 단어의 의미는 서로 다르지만, 단어 사이의 거리는 아주 가깝다. 몰입은 다시 말해, '좋은 방향으로 발전한 중독'의 가장 올바른 예다. '몰입' 그것은 바로 창조자들이 일상을 자신에게만 주어진 특권으로 만드는 방법이다. 특유의 몰입으로 보통 사람은 근접할 수 없는 몇 단계 수준 높은 일상을 살고 있는 그들은, 중독이 아닌 몰입에 깊숙이 빠지기 위해 다음에 제시하는 네 가지 방법으로 자신의 일상을 관리한다.

1. 그 자리에 멈춰라

걸어가며 스마트폰을 사용하는 아이는 그것에 중독된 것이라 볼 수 있다. 당장 달려가서 아이의 걸음을 멈추게 해야 한다. 여기에서 중요한 것은 스마트폰을 강제로 빼앗으면 안 된다는 사실이다. 오히려 아이가 편안하게 자리에 앉아 스마트폰을 사용하게 해야 한다. 자제력 교육은 언제나 '그것과 함께 살면서 그것을 제어할 수 있게 해야 한다'라는 기본 원칙을 중심에 두고 움직여야 한다. 일단 아이에게 스마트폰을 사용하는 행위 자체가 나쁜 일은 아니라는 원칙을 알려주고 시작하자. 스마트폰의 사용과 중단의 기준은 이렇게 구분하면 좋다.

'스마트폰은 반드시 앉아서 해야 한다.'

왜냐하면 걸을 땐 검색이 아닌 사색의 스위치를 작동해야 하기 때문이다. 걸으며 하는 모든 행동은 그가 중독된 대상을 증명해주는 것밖에 되지 않는다. 걸으며 음식을 먹는 것도, 담배를 피우는 것도 마찬가지다.

2. 사색 스위치를 켜고 세상을 산책하라

아이가 기본 원칙에 대해 충분히 이해했다면, 이젠 '걷는다는 것'이 어떤 의미를 가지는지에 대해 친절하게 설명하라.

- 걸을 땐 걷는 데 집중하며 앞을 바라봐야 한다.
- 눈으로 본 것과 가슴으로 느낀 것을 마음에 담아야 한다.
- 모든 느낌을 서로 연결하며 사색하는 데 집중해야 한다.

걸음에 집중하게 하라. 일단 걸음에 집중하는 것이 중독에서 빠져나오는 가장 첫 단계이기 때문이다. 세상의 거의 모든 철학자와 과학자, 예술가가 살았던 시대와 나라는 모두 다르지만, 그들에게는 '산책'을 밥 먹듯 했다는 공통점이 하나 있다. 세상의 모든 창조자들이 일상에서 산책을 즐긴 이유는, 산책이 모든 중독에서 그들을 구원해줬기 때문이다.

3. 일상에 몰입의 기쁨을 선물하라

아이에게 '중독'이 아닌 '몰입'을 선물해주고 싶다면, 가장 먼저 몰입이 무엇이고 그게 자신을 얼마나 행복하게 하는지 알려줘야 한다. 가장 간단하고 효과가 좋은 방법은 아이에게 배고픈 순간을 경험하게 하는 것이다. 조금 더 자세하게 말하면 배가 고프다는 사실을 잊고 다른 데 빠져 있는 순간을 경험하게 하는 것이다. 그 과정을 통해 아이는 '중독의 고통'이 아닌 '몰입의 기쁨'을 느끼게 된다. 게다가 하루에 세 번 이상 시도할 수 있기 때문에 가장 쉽고 빠르게 아이를 교육할 수 있다. 아이가 가장 좋아하는 책이나 블록 등 다양한 것들을 이용해서 그것에 빠져 있는 시간을 경험하게 하라.

이런 방법을 아무리 잘 알고 있어도 아이가 몰입이 아닌 중독에 빠지는 이유는, 아이가 빈속에 무언가를 하는 모습을 보며 안타까운 생각에 몰입의 순간을 강제로 멈추고 먹을 것을 제공하기 때문이다. 몇 끼를 굶거나 식사 시간을 조금 미루는 것은 인생을 넓게 봤을 때 그리 중요한 일이 아니다. 하지만 몰입의 기쁨을 모르고 사는 것은 인간이 누릴 수 있는 가장 행복한 순간을 모른 채 사는, 세상 무엇보다 억울한 일이라는 사실을 잊지 말라.

4. 정확한 시간을 정해 두고 움직여라

인류의 위대한 스승, 14대 달라이 라마는 매일 3시에 일어나서 정확하게 다섯 시간 명상(사색)을 한다. 위대한 인생을 살았던 수많은 창조자들 역시 마찬가지였다. 프로이트, 칸트, 베토벤, 모차르트, 토마스 만, 존 밀턴, 빅토르 위고, 찰스 디킨스, 찰스 다윈, 차이코프스키 그리고 벤저민 프랭클린. 이들의 공통점이 무엇이라고 생각하는가?

우리보다 앞서 세상을 살았던 이 위대한 작곡가, 화가, 작가, 과학자, 철학자들에게는 몇 가지 공통점이 있었는데, 그중 우리가 가장 눈여겨봐야 할 것은 '작품을 생산하는 시간을 엄격하게 지켰고 매일 식사와 산책, 수면시간까지 조절해 왔다'는 사실이다.

천재 작곡가 베토벤은 매일 한 시간 이상 산책을 했는데, 습관처럼 항상 주머니에 악보 몇 장과 연필을 가지고 다녔다. 빅토르 위고는 매일 두 시간 이상을 글쓰기에 투자했다. 정확한 시간을 정해두고 그 시각에 그것을 실천하면, 정기적인 몰입의 순간을 경험하게 할 수 있으며, 어떤 강력한 유혹에도 흔들리지 않는 자제력을 가질 수 있게 된다. 공부를 오래 하고, 책을 많이 읽는 것은 중요하지 않다. 정해진 시간에 정해진 행동을 할 수 있게 해보자. 부모가 조금만 신경을 쓰면 아이에게 정기적으로 몰입할 수 있는 환경을 만들어줄 수 있다.

지금까지 소개한 '중독'에 빠지지 않고, '몰입'에 깊숙이 빠지기 위해 사용한 네 가지 방법을 아이와 함께 실천하면, 경험으로 얻게 되는 '아이만의 방법'이 생길 것이다.

이것이 바로 내 아이만을 위한 최고의 교육법이라고 생각하면 된다. 중독에서 빠져나와 몰입의 힘을 경험하게 하는 방식에는 아이마다 차이가 있기 때문이다. 내 아이만의 방법을 찾은 다음, 그것을 사랑하는 마음으로 적용하는 것이 바로 최고의 교육법이다.

다만 쉽지 않다는 생각이 들면, 스스로 단계적인 질문을 해보자.

"왜 우리 아이는 몰입이 쉽게 되지 않을까?"

"어떻게 하면 몰입도를 높일 수 있을까?"

"언제나 몰입을 잘하는 아이에게는 어떤 비결이 있을까?"

이 질문을 가슴에 품고 아이를 주의 깊게 관찰하라. 지금 일어나는 상황에 집중하는 사람만이 '세상이 지금 주는 답'을 발견할 수 있다. 아이에게 집중하는 부모만이 아이만의 몰입법을 찾아낼 수 있다. 그 과정이 지겹다는 생각을 버리고, "지금 여기에 뭔가 있다!"라는 생각으로 접근하라.

포기하고 싶다는 생각이 들 때마다, 다음의 문장을 필사하자.

모든 사람이 저마다 다른 생각의 기준을 갖고 있다.

누군가는 한 번 질문한 것으로 끝을 내지만,

누군가는 열 번 이상 질문해야 비로소

자신이 원하는 답을 찾았다고 말한다.

중요한 건 바로 이 사실을 자각하는 것이다.

질문은 세상에서 가장 순수하고 거짓이 없는 지적 수단이라서

열 번 질문할 수 있다면, 열 배 나은 답을 발견할 수 있다.

내 삶을 제어하고 스스로 결정하는 것

물론 창조자들의 몰입법은 아이들에게 쉬운 일만은 아닐 것이다. 이때 적절한 필사가 필요하다. 아이에게 다음 글을 필사하게 하고, 내가 내 삶을 제어하고 무언가를 스스로 결정한다는 것이 얼마나 위대한 일인지 깨닫게 하라.

세상이 갈대처럼 흔들릴수록,
나는 바위처럼 무거워져야 한다.
세상이 나를 끈질기게 유혹할수록,
나는 바람처럼 유연해져야 한다.
세상은 나를 마음대로 움직일 수 없다.
내 모든 것은 내가 제어한다.
나는 내 뜻대로만 움직인다.

챗GPT 시대,
아이에게 창조력이 필요하다

인공지능이 전기처럼 흐르는 미래사회는 우리 아이들에게 창조력을 요구한다. 지금 반복이나 힘으로 해결하는 부분은 기계의 일로 대체될 것이다. 이 어려운 시대를 돌파하기 위해서 창조력이 중요하다는 사실을 잘 알고 있지만, 지금 우리나라에서는 창조의 기본이 되는 '생각 공부'가 이루어지지 않는 상황이다.

모든 공부의 기본은 결국 생각이다. 또한, '스스로 생각하지 못하는 사람'에게 내일은 막연한 불안감을 주는 괴물에 불과하다. 자신의 내일을 스스로 만들어나갈 수 없기 때문에 겪는 아픔이다. 모든 불안은 그 사람을 지옥으로 인도한다. 세상은 언제나 스스로 생각하지 못하는 약자만 쓰러질 때까지 괴롭히기 때문이다. 그래서 모든 교육사업의 기본은 '부모를 두렵게 하는 것'에서 시작한다.

'이거 안 하면 요즘 왕따야.'

'이 정도 지식은 알아야 대화에 낄 수 있지.'

자녀교육 분야의 마케팅은 잔혹해서 한기가 느껴질 정도다. '부모의 두려움'을 자극하고, 다른 사람과 비교하도록 만들기 때문이다.

'세 살이 지나면 아이의 언어 능력을 키울 수 없다!'

'입학 전까지 영어 완성하지 못하면 영원히 불가능!'

그들은 부모의 두려움을 자극하며 자기가 만든 상품을 판다. 때론 최소한의 검증도 마치지 않은 시험 단계에 있는 상품을 팔아 더욱 위험하다. '자기 마음대로 시기를 정해두고, 그 시기를 놓치면 평생 그것을 제대로 알 수 없다'라는 두려움에 빠지게 하면, 간단하게 진실의 눈을 가릴 수 있기 때문이다. 안타깝지만, 스스로 생각할 수 없는 사람은 자신이 속는 걸 알면서도 또 그것을 선택하게 된다. '속는 것보다, 혼자 뒤처지는 게 더 두렵기 때문'이다.

속지도 않고 혼자 뒤처지지도 않는 가장 이상적인 삶을 선택하려면, 강력한 주인 의식이 필요하다. 내가 내 삶과 공간의 주인이라고 생각해야 흔들리지 않기 때문에, 비로소 대상이 보이고 영감을 연결해 새로운 것을 창조할 수 있다. 시대를 돌파하는 힘은 그렇게 만들어진다.

앞에 언급했지만, 창조자가 되는 핵심 비결은 '주인 의식'에 있다. 내가 주인이라고 생각해야, 비로소 대상이 보이고, 영감을 연결해 새로운 것을 창조할 수 있다. 시대를 돌파하는 힘은 그렇게 만들어진다.

괴테의 아버지는 어린 괴테가 이탈리아를 꿈꿀 수 있도록 이탈리아 지도를 방에 붙여 놨다. 어린 괴테는 매일 지도를 보며 마치 이탈리아에 있는 듯한 느낌으로 그곳을 바라봤다. 다시 말해, 어린 괴테는 마치 자신이 '이탈리아'라는 나라의 주인이 된 것처럼 그곳을 바라본 것이다. 주인 의식을 기르는 사색을 시작하기에 앞서, 생각의 근육을 만들어주기 위해 가볍게 아이들이 좋아하는 과자를 앞에 두고 사색하게 하는 것도 좋다.

이런 질문으로 시작해보라.

"네가 좋아하는 과자를 처음 개발한 사람은 이걸 만들면서 어떤 생각을 했을까?"

그렇게 생각을 발전시켜 나가며, '만약 네가 그 사람이었다면?'이나, '만약 네가 과자를 좋아하지않는 사람이었다면?'이라는 질문을 반복해서 던져라. 질문과 답을 반복하며 아이는 마치 자신이 과자를 만든 사람처럼 느껴질 것이다. 상상 속에서 자꾸 아이가 좋아하는 것을 만들게 하라. 그게 바로 주인 의식을 기를 수 있는 최고의 방법이다.

아이와 함께 호텔이나 백화점에 가서 함께 사색을 해보는 것도 좋다. 두 개의 의식으로 사색하면 되는데, 첫 번째 의식의 중심에는, '나는 이 호텔의 주인이다'라는 생각을 넣으면 된다. 그렇게 의식을 바꾸면, 고객과 서비스, 그리고 장소가 보인다. 호텔을 운영하는 사람의 마음으로 공간을 사색할 수 있다.

두 번째 의식의 중심에는 '나는 이 호텔의 고객이다'라는 생각을 넣어라. 그렇게 의식을 바꾸면, 호텔리어의 매너와 성향, 그리고 호텔을 이용하는 사람이 보인다.

이렇게 두 가지 생각으로 그곳을 바라보면, 서로 다른 것을 발견할 수 있어서 창조력을 자극하는 데 많은 도움을 얻을 수 있다.

중국 불교 임제종의 '법어法語'를 수록한 《임제록》에는 '서 있는 모든 곳에서 주인이 되어야 한다.'는 뜻으로 주체적인 삶을 강조한, '수처작주隨處作主'라는 글이 써 있다. 수처작주를 해석하여 아래와 같이 옮긴다. 이 글은 내면에 집중하라고 조언한다.

> "밖을 향하여 공부하는 것은 어리석은 사람들의 선택이다. 그것은 언젠가는 흩어지고 떠나기 때문이다. 오직 자신의 마음에서부터 진실의 눈이 깨어나야 한다."
>
> – 삼성혜연, 《임제록》

창조자가 되기 위해서는 밖의 힘을 이용해야 한다. 하지만 이 문장은 내면을 먼저 강조했다. 스스로 준비되어 있지 않으면 무엇도 발견할 수 없기 때문이다. 어느 장소에서도 주체적일 수 있다면, 아이는 자신이 서는 모든 곳에서 배울 수 있다. 이것이 바로《임제록》에서 말하는 주인 의식이다.

세상에 살기 쉬운 시대는 없었다. 우리 아이가 사는 시대도 마찬가지로 사는 게 쉽지 않을 것이다. 하지만 주인 의식으로 창조력을 자극할 수 있다면 아이는 어떤 시대도 돌파할 수 있는 막강한 힘을 갖게 될 것이다.

부모의 도움이 없어도 알아서 자기 길을 개척하는 아이, 세상이 가로 막아도 그것을 스스로 돌파할 수 있는 아이, 그 모든 삶의 중심에 창조력이 있고 그것은 주인 의식을 통해 기를 수 있다는 사실을 명심하자.

아이에게 필요한 창조의 영감과 재료

창조적인 아이로 키우고 싶다면, 부모가 먼저 스스로 생각할 수 있어야 한다. 그래야 세상이 주는 두려움에서 벗어나 아이를 제대로 교육할 수 있기 때문이다. 아래 문장을 부모와 아이가 함께 필사하라.

> **창조의 재료는 가득하다.**
> **세상에 존재하지 않는 것은 없다.**
> **지금도 수많은 영감의 조각이**
> **여기저기에서 "나를 발견해달라"고 외치며**
> **열심히 자신의 존재를 알리고 있다.**
> **창조는 결국 그것을 나의 방법으로 연결하는 작업이다.**
> **'단어와 단어를 연결하는 사람'이,**
> **'색과 색을 연결하는 사람'이,**
> **'소비자와 생산자를 연결하는 사람'이 바로 창조자다.**

창조자는 서로의 영역을 허물고 벽을 파괴하고, 서로 다른 것들을 자유자재로 연결하고, 세상을 마음 먹은 대로 바꿀 수 있다. 앞서 제시한 문장은 '주인 의식' 부분을 원활하게 알려주기 위해서 필요한 내용인데, 바둑으로 예를 들어 설명하면 이렇다.

바둑은 '생각의 전쟁'이다. 상대가 한 수 둘 때마다, '왜 이런 선택을 한 걸까?'라는 생각에 빠진다. 그래야 다음 수를 예상할 수 있고, 상대가 예상할 수 없는 수를 선택할 수 있기 때문이다. 상대의 수를 예상하고 상대가 예상할 수 없는 수를 선택하는 사람을 우리는 '고수'라고 부른다. 고수는 언제나 세상이 예상할 수 없는 선택을 하고, 하수는 세상이 정한 길을 선택한다. 세상이 정해준 선택이 아니기 때문에 고수의 삶은 예상이 불가능하다. 아래의 글을 아이와 필사하자.

> **고수와 하수의 차이는 '내 길이 있느냐 없느냐?'에 달려 있다. '주인 의식'을 갖기 위해서는 먼저 자기 길을 찾아야 한다. 자기 길이 없는 사람의 관찰은 고민으로 이어진다. 답을 낼 수 없기 때문이다. 고민으로 점철된 삶은 답을 낼 수 없고, 결국 세상이 시키는 대로 하수의 삶을 살게 된다. 내 길을 발견한 자만이 보고 듣고 생각한 모든 것을 자기 삶에 반영할 수 있다.**

공간과 사물을 연결하는 참신한 생각

"넌 여기까지 와서 또 게임이냐!"

가족 단위로 방문하는 캠핑장 여기저기에서 자주 들리는 말이다. 물론 도시에서 벗어나 아이에게 자연을 바라보는 기쁨을 주고 싶은 부모의 심정도 이해한다. 하지만 부모의 창조력이 조금 아쉬운 대목이다.

입장을 바꿔보자. 부모들은 자연에 와서 왜 또 술을 마시는가? 도시에서도 할 수 있는 행위를 왜 여기까지 와서 또 하는가?

답은 간단하다. 도시에서 마시는 술과 바다를 바라보거나 나무에 둘러싸여 마시는 술은 맛과 느낌 자체가 다르기 때문이다. 아이도 마찬가지다. 아파트 좁은 방에서 하는 게임과 광활한 대지에서 하는 게

임은 느낌이 다르다. 부모가 느끼는 것을 아이도 그대로 느낀다는 사실을 인지하고 존중해야 한다.

'공간과 사물을 연결할 줄 안다는 것은 왜 중요한가?'

주변을 바라보라. 모든 창조의 결과는 결국 공간 위에 놓인 사물의 합이다. 이제는 정말 당연한 풍경이지만 눈이 쌓인 산 위에 스키를 놓으면 스키장이 되고, 빈 공간에 모니터를 놓으면 PC방이, 골프채를 놓으면 실내 골프장이 된다. 누군가 창조한 현상을 보면 정말 아무것도 아닌 것처럼 보이지만, 처음 그것을 창조하기 위해서 그는 공간과 사물을 수없이 바꿔나가며 원하는 모습을 조금씩 만들어나갔다.

아이에게 창조의 근원은 공간과 사물을 사랑하는 마음이라는 사실을 알려주자. 캠핑장이라는 공간과 게임이라는 사물을 연결해도 좋은 창조품이 나올 수 있다. 부모가 그 모습을 타박하며 부정적으로만 바라보는 것은 아직 열지도 않은 아이의 가능성을 막아버리는 행동이다.

장소가 어디든 그 안에서 사물과 사물을 연결해서 참신한 생각을 하는 사람들은 언제나 가능하다는 생각에서 계산을 시작한다.

식당에 가서 살펴보면, 두 부류의 손님이 있다. 한 부류는 '되는 대로 먹는 사람'이고, 다른 부류는 '먹을 줄 아는 사람'이다. 되는 대로 먹는 사람은 음식이 오면 그냥 먹는다. 그렇게 '뭐 별 거 있겠어?'라는 생각으로 오직 본능에만 충실한 사람이 있는 반면, '더 맛있게 먹을 방법이 있다!'라는 생각으로 음식에 대해 생각하는 손님이 있다. 전자는 언제나 '식당에 잘못 들어왔다'고 후회하지만 후자는 늘 '가장 좋은 선택이었다'며 만족한다. 같은 공간에서 같은 음식을 즐겼지만, 결과는 때론 그걸 대하는 사람의 수준이 결정한다.

얼마 전 두부 전골 전문점에서 겪은 일이다. 두 테이블이 동시에 전골이 나왔고 끓이기 위해 버너를 작동했다. 우측에 있는 손님은 기다렸다는 듯 전골이 끓어오르자 식사를 시작했다.

"이게 뭐야! 간이 안 맞네, 깊은 맛도 없고. 이번에도 실패다!"

그들이 내뱉은 불평이다. 좌측에 있는 손님은 먼저 냄비 안에 있는 식재료를 관찰했다. 그리고 끓는 전골을 가만히 바라보다가 5분 정도 지난 후에 국자를 들어 식사를 시작했다.

"역시! 최고의 선택이야!"

좌측에 있는 손님은 만족한 표정을 지으며 음식에 대해 아낌없는 찬사를 보냈다.

같은 음식이지만 한 사람은 불평하고 다른 한 사람은 만족한 이유는 단순한 식성 문제는 아니다. 답은 '시간'이다. 앞에 잔뜩 불평을 늘어놓은 사람도 후자처럼 시간이 지나 식사를 즐겼다면, 방금 내린 평가가 미안할 정도로 음식이 훌륭한 맛을 제공하고 있다는 사실을 알게 될 것이다. 처음에는 다소 밋밋하지만 시간이 지나면서 새우젓과 돼지고기로 우려낸 국물과 고추가루 양념이 묘하게 어우러지고, 중앙에 산처럼 쌓은 얇고 부드러운 두부 사이사이에 국물이 침투해 최고의 맛을 불어넣기 때문이다. 먹을수록 기분 좋은 감칠맛이 나지만, 안타깝게도 끓는 동시에 음식을 맛본 사람은 감칠맛이 나기도 전에 모든 음식을 먹어 치운 셈이다.

공간과 사물을 연결한다는 것도 이와 다르지 않다. 냄비라는 공간에 어떤 재료가 있는지 자세하게 관찰하면 육수가 끓고 나서 얼마나 시간이 지나야 최고의 맛이 나올지 짐작할 수 있게 된다. 요리는 요리사만 창조할 수 있는 게 아니다. 공간과 사물을 연결할 수 있는 사람도 음식을 즐기며 새로운 맛을 창조할 수 있다. 식사할 때마다 아이와 함께 이 문제에 대해 생각하는 시간을 가지면 아이의 연결력을 기르는 데 큰 도움이 될 것이다.

'무엇을 놓느냐'가 공간의 쓰임을 결정한다

만약 아이가 캠핑장에서 숲과 나무는 보지 않고, 스마트폰만 보거나 게임만 하고 있다면 어떻게 해야 할까? 부모는 먼저 아이에게 다양한 방식의 질문을 던져야 한다.

"캠핑장에서 게임하니까 어때?"

그럼 아이는 다양한 방식으로 자기 의견을 제시할 것이다. 이때 부모는 "집에서 할 때와 뭐가 다르니?" 등의 가장 답하기 쉬운 질문으로 아이의 생각을 열어줘야 한다.

"숲속에서 게임을 하는 거랑 집에서 게임을 하는 거랑 느낌이 달라?"

"방에서 스마트폰을 볼 때는 어떤 생각이 들었어?"

그 다음에는 글로 표현하는 것이다.

"그 느낌을 글로 표현할 수 있을까?"

이런 질문으로 이번에는 아이의 '표현 두뇌'를 열어줘야 한다. 이 과정에서 명심해야 할 것은, 질문은 언제나 긍정적인 방향을 향해야 한다는 것이고, 마지막에는 아이가 자신의 느낌을 인지하고 기록하게 해야 한다. 조금 더 원활한 진행을 위해 아이와 함께 다음 문장을 필사하면 좋다.

사물은 반드시 그것이 존재할 공간이 필요합니다.

나는 공간과 사물의 위치를 결정할 수 있습니다.

아무리 멋진 공간이라도

거기에 쓰레기를 버리기 시작하면,

결국 지저분한 쓰레기장이 됩니다.

공간도 물론 중요하지만,

그 안에 무엇을 놓느냐가 공간의 쓰임을 결정합니다.

1 백 권의 책을 한 번씩 읽어주는 것보다 한 권의 책을 백 번 읽어주는 것이 더 효과적이다. 하나를 충분히 알면, 아직 읽지 못한 아흔아홉 권 책들의 간략한 스토리만 알려줘도 나머지 스토리를 자신의 힘으로 전개해나갈 힘을 가질 수 있기 때문이다. 중요한 것은 작가의 의도와 스토리를 읽는 게 아니라, 아이가 자기의 스토리를 만들어나가는 능력이다.

2 고마움을 모르는 아이는 성장해서 사물의 쓰임새와 사람의 생명을 우습게 아는 사람이 될 가능성이 높다. 지금은 사소하다고 볼 수도 있지만, 무서운 건 앞서 말했듯 '인생은 쌓인다'는 사실이다. 주변에 있는 작은 것 하나라도 아이가 그것에 대한 감사의 마음을 갖게 하라. 그게 바로 내 아이를 주어진 환경에 감사하는 아이로 키우는 최선의 방법이다.

3 지금 일어나는 상황에 집중하는 사람만이 '세상이 지금 주는 답'을 발견할 수 있다. 아이에게 집중하는 부모만이 아이만의 몰입법을 찾아낼 수 있다. 그 과정이 지겹다는 생각을 버리고, "지금 여기에 뭔가 있다!"라는 생각으로 접근하라. 포기하고 싶다는 생각이 들 때마다, 아래 문장을 필사하자. 열 번 질문할 수 있다면, 열 배 나은 답을 발견할 수 있다.

4 세상에 살기 쉬운 시대는 없었다. 우리 아이가 사는 시대도 마찬가지로 사는 게 쉽지 않을 것이다. 하지만 주인 의식으로 창조력을 자극할 수 있다면 아이

는 어떤 시대도 돌파할 수 있는 막강한 힘을 갖게 될 것이다. 부모의 도움이 없어도 알아서 자기 길을 개척하는 아이, 세상이 가로막아도 그것을 스스로 돌파할 수 있는 아이, 그 모든 삶의 중심에 창조력이 있고 그것은 주인 의식을 통해 기를 수 있다.

5 누군가를 비평하려는 마음으로는 '독창적'이라는 고지에 오를 수 없다. 비평에는 창조의 에너지가 존재하지 않기 때문이다. 또한, 내가 옳다고 믿는 그 생각과 판단을 그대로 밀고 나가야 한다. 독창성도 결국 겸허함과 인내로 하나하나 만들어나가는 수공예품이다. 독창적인 아이로 키우고 싶다면, 긴 잠에서 깨어나게 하라. 아이의 삶이 시가 되게 하라.

6 공감과 배려를 제대로 하기 위해서는 먼저 상대에 대해 잘 알아야 한다. 아는 만큼 마음을 전할 수 있기 때문이다. 자연을 관찰하는 것처럼 사람의 마음과 말, 행동도 관찰하는 버릇을 들이는 게 좋다. 세상과 사람을 주목해서 바라보자. 나보다 더 힘든 사람과 더 고통 받는 사람을 찾아서 따스하게 안아주겠다는 마음을 갖자. 그 마음만 갖고 세상을 바라보면 보이지 않던 것들이 보인다.

7 우리가 그토록 원하고 갈망하는 자기 주도 학습도, 결국에는 더 많은 시간을 아이에게 주면서 저절로 시작한다. 자기 주도 학습을 원하면서 왜 자꾸 마감 시간을 정해주는가? 창의성을 원하면서 왜 남들과 같은 방식을 추구하는가? 우리, 기억하고 또 기억하자. 모든 아이는 천재로 태어났다. 그들에게 모자란 것은 오직 시간뿐이다. 더 방황하며 실패할 시간을 허락하자.

3부

아웃풋 끌어올리기

제대로 말하고
쓰고 듣는다

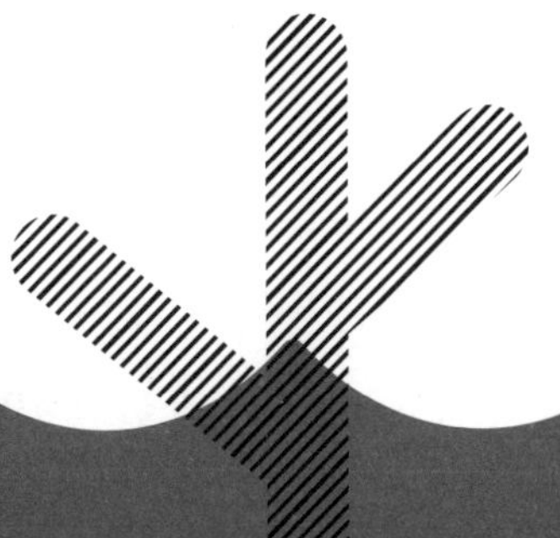

아이를 설득과 소통의 대가로 만드는 말 공부

살면서 우리는 수많은 사람과 소통하고, 때로는 '설득'도 해야만 한다. 설득은 꼭 필요한 교육 중 하나이지만, 안타깝게도 학교나 학원에서는 거의 이루어지지 않고 있다. 자기 생각을 말과 글로 표현할 때 정말 서툰 사람이 많다. 누군가의 의견에 반하는 생각을 말할 때, 대개 사람들은 이런 방식으로 이야기를 전개한다.

"네 의견에 십분 공감해. 하지만~"이라고 말하며 상대의 의견을 존중하는 느낌을 주는 동시에 자기 의견을 말하는 사람이 있다. 분명 상대를 존중한다는 느낌을 주긴 하지만, 사실 "십분 공감해"라는 표현이 나오면 상대는 '이제 반론을 제시하겠구나'라고 생각하게 된다. 따라서 이 표현은 가장 합리적이지만, 그렇다고 상대의 마음을 완벽하게 편안하게 해주는 방법은 아니다.

"그런데 나는 이렇게 생각해!"라고 말하며 상대의 의견에 대한 언급도 없이 자기 의견만 주장하는 사람이 있다. 말이 통하지 않는 사람이다. 많은 책을 읽었거나 지식이 꽉 찬 사람들이 주로 이런 실수를 자주 한다. 물론 자신은 실수라고 생각하지 않는다. 정말 자기 말이 정답인 줄 알기 때문이다. 교수와 학생, 사장과 직원, 대가와 초보자 관계가 아닌 이상 지속하기 어렵다.

"글쎄, 꼭 그런 건 아닌 것 같아. 안 그런 부분도 있으니까"라고 말하며 특별한 자기 의견도 없이 타인의 의견을 무시하는 사람이 있다. 가장 싸움 나기 좋은 사례다. 세상에 100% 맞는 말은 없다. 100% 맞는 사례를 찾는 것보다 입을 열지 않는 쪽을 선택하는 편이 더 현명할 것이다.

어른이 되면 말하는 습관을 고치기 힘들다. 가급적 어릴 때 고쳐주는 것이 좋다. 아주 작고 사소한 변화만으로도 엄청난 효과를 볼 수 있으니 아이의 말하는 습관에 관심이 많은 부모라면 집중하고 다음 내용을 읽기를 바란다.

일단 몇 가지 오해를 풀고 시작하자. 말하기에서 중요한 것은 '논리적으로 말하는 능력'과 '창의적으로 말하는 능력'이 아니다. 오히려 내가 강조할 사항들에 비교하면 이 능력들은 큰 역할을 하지 않는다.

내가 부모와 아이들에게 강조하고 싶은 말하기 습관은 '내 생각 그대로 말하는 방법'이다. 정말 당연한 이야기라고 볼 수 있다. 하지만

'우리가 왜 누군가에게 내 생각을 말하는지' 그 의미를 다시 한번 생각해보면, 그 본질이 '내 생각을 있는 그대로 전하기 위한 것'임을 어렵지 않게 알게 될 것이다. 게다가 아이는 누군가를 설득해야 할 정치인도, 수많은 사람에게 투자를 받아야 할 기업인도, 매일 격렬하게 토론을 벌이는 철학자도 아니다. 아이에게 지금 당장 필요한 것을 가르쳐야 한다. '내 생각을 그대로 말하는 방법'을 제대로 알게 되면, 앞서 언급한 논리적이고 창의적인 말하기, 즉 어른들이 가져야 할 능력은 시간의 흐름과 경험을 통해 저절로 갖출 수 있다.

1. 눈을 보고 말하라

눈은 거짓말을 하지 않는다. 아무리 나쁜 생각으로 가득해도 그것을 말할 때 사람은 눈으로 자신의 모든 것을 보여준다. 상대의 눈을 보며 말하면 상대의 마음을 느낄 수 있고, 부끄러운 마음보다는 안정적인 느낌이 들어 차분하게 내 생각 그대로 말할 수 있게 된다.

다른 곳을 바라보며 말하지 마라. 다른 곳을 보면 내 생각과 다른 것을 말하게 된다. 정면이 아닌 후방이나 측면을 보며 운전하는 사람은 없다. 처음에는 아이가 부끄럽게 생각할 수도 있다. 하지만 부모가 자연스럽게 대화를 통해 습관을 바꿔주면 어렵지 않게 눈을 보며 대화할 수 있게 될 것이다. 내가 앞에서 언급한 것처럼, 부모가 아이에게 운전하는 모습을 보여주며 "우리는 어딘가 가야 할 길이 있거나 무언가 원하는 것이 있을 때에는 운전하는 것처럼 대상을 똑바로 바라보며 행해야 한다"라고 말해주는 것도 좋다.

2. 아이와 가상 대화를 자주 하라

모든 건 자연스러운 게 좋다. 그런데 과연 대화에서 '자연스럽다'는 건 무엇을 의미하는 걸까? 아마도 물이 흐르는 것처럼 막힘없이 이어지는 것을 말할 것이다. 그렇다면 자연스러움을 위해서는 무엇이 필요할까? 바로 '연습'이다. "대화를 연습한다고? 그건 너무 억지스러운 거 아닌가?"라고 생각할 수도 있다. 하지만 솔직한 마음을 전하고 싶다면 연습하는 것이 좋다. 순수한 마음도 중요하지만, 모든 대화는 연습을 통해 자연스러워진다.

아이와 함께 가상 대화를 시작해보자. 일정 기간이 지나 익숙해지면 이제는 상대가 앞에 있다고 생각하고 거울을 바라보며 가상 대화를 하게 하면 된다. 거울을 보며 하고 싶은 말을 먼저 하고, 상대가 대답할 것 같은 말을 몇 가지 생각해서 대화를 이어가는 방식으로 하면 좋다. 가장 자연스러운 것들은 연습으로 이루어진다. 이를 통해 아이는 아래 문장을 깨닫게 될 것이다.

> 솔직한 마음을 제대로 전하고 싶다면, 그 마음의 크기만큼 노력해야 한다.

3. 존대하는 마음을 가져야 한다

상대의 나이가 어리든 직급이 낮든, 어떤 이유로든 하대하는 건 좋지 않다. 늘 존대하는 마음으로 대화를 시작해야 자신이 생각한 이야기를 정확하고 올바르게 전달할 수 있다. 특히 아이들은 나이가 어리기 때문에 동생을 함부로 하려는 마음이 더욱 강하다. 한 살 어린 동생이 자기를 형이라고 부르지 않으면 화가 나서 온종일 기분 나쁜 상태로 지내기도 한다. 그런 마음을 사라지게 해야 한다.

자신도 모르게 하대하는 마음은 설명을 대충하게 만들고, 말투를 기분 나쁘게 하며, 말하는 태도를 불손하게 한다. 결국 이 세 가지가 모여 상대는 말한 사람에게 반발심을 갖게 될 것이다. 마음가짐은 대화에서 가장 중요한 것 중 하나다. 나이와 지위 등 모든 것을 떠나 인간 대 인간의 만남이라고 생각하고 대화를 시작하는 게 좋다.

4. 경청과 공감은 하나다

대화의 시작과 끝은 결국 공감의 크기가 결정한다. '공감력'이란 상대의 마음을 느끼는 능력을 말한다. 상대가 지금 어떤 상태이고, 앞으로 어떤 말을 듣기를 원하고, 어떤 행동을 좋아하고 싫어하는지 제대로 파악해야 한다. 결국 공감력은 '경청'으로 이어진다. 상대의 말을 제대로 들어야 상대에 대해 정확하게 알 수 있다.

아이들을 한 데 모아 놓으면 서로 말하려고 한다. 서로 말하려고 하니 공감할 수 없어 자꾸만 목소리가 더 커진다. 이때 한 아이가 친구들의 이야기를 조용히 듣고 있다고 생각해보자. 그 모습이 어떨 것 같은가? 근사하지 않을까? 친구들이 서로 자기 의견을 주장하며 소리만 키우는 공간에서 조용히 친구들을 관찰하는 아이의 모습은 말로 설명할 수 없을 정도로 멋지다.

우리는 아이에게 침묵하는 법을 가르쳐야 한다. 모두가 떠들 때 조용히 그들의 의견을 듣는 아이가 떠드는 아이를 이끄는 리더가 될 수 있다. 모두의 마음을 알고 있기 때문이다. 반드시 명심할 부분이다. 우리가 아는 시대를 대표하는 작가와 철학자는 결코 군중 속에서 떠들지 않았다. 조용히 그들을 관찰하며 원하는 것이 무엇이고 무엇을 말하고자 하는지 경청했다.

아이가 조용한 곳에서 자연의 소리를 듣게 하는 것도 좋고, 방에서 라디오나 음악 혹은 방송을 시청하지 않고 적막한 상태로 지내게 하는 것도 좋은 방법이다.

5. 사실에 강한 자신감을 가져야 한다

쉬지 않고 말하지만 도무지 무엇을 전하려고 하는지 알 수 없게 말하는 아이, 자꾸만 과장해서 말하려고 하는 아이의 공통점은 '스스로 자기 의견에 자신감이 없다'는 데 있다. 자기 의견에 자신감이 없으니 자꾸만 말이 길어지고 과장하려고 든다.

해결할 수 있는 방법이 한 가지 있다. 겸손을 버리는 것이다. 겸손은 미덕이다. 하지만 아직 잘하는 게 많지 않은 아이들에게는 적용하지 않는 게 좋다. 아이들은 겸손할 만큼 대단한 능력을 갖추지 않았다. 초보자가 떠는 겸손은 오히려 자만이다. 오히려 "내가 이걸 얼마나 잘하는지 아세요?"라고 말하며 본인의 장점을 자랑스럽게 말할 수 있어야 한다. 그래야 자기 생각에 자신감을 느끼게 된다. 동시에 자기가 무엇을 잘하는지도 알 수 있어 장기적으로도 좋다.

아이의 사소한 장점까지도 잘 관찰해서 아이가 그것을 스스로 자랑스럽게 생각하게 하라. 그것은 자기 생각에 대한 자부심으로 이어진다.

마지막으로 이 사실을 꼭 기억하자. 처음부터 나쁜 사람은 없다. 의도와 다르게 내뱉은 말이 관계를 꼬이게 하고, 그 불안정한 상태가 지속되면서 서로가 서로를 나쁜 사람으로 기억하도록 만든다. 간혹 아이들이 밖에서 씩씩거리며 돌아와, "나 이제 ○○이랑 안 놀기로 했어요!"라고 말할 때가 있다. 친구랑 말이 통하지 않아 서로를 오해해서 생긴 결과다. 아이에게 물어보자. 정말 친구가 싫어서 그렇게 말했는지, 아니면 자기 생각과는 다른 말이 튀어나왔는지를. 대화에서 가장 중요한 것은 멋지게 말하거나 있어 보이게 말하는 것이 아니라는 이야기도 함께 해주자.

다시 한 번 상기하라, 목적은 하나다.

'생각하는 것을 있는 그대로 표현하기.'

한 번 더 생각하고 말하는 아이

내 생각을 조리 있게, 솔직하게 표현하는 것은 아주 중요하다. 하지만 이때, 꼭 지켜야 할 태도가 있다. 반드시 '한 번 더 생각하고 말해야 한다'는 것이다. 무심코 던진 말이 상대방에게 상처와 폭력이 될 수 있기 때문이다.

잘 모르지만, 그냥 느낌이 좋은 사람이 있다. 그가 어떤 행동과 말을 해도 믿음이 가고, 무작정 지지하고 싶다는 생각이 드는 사람. 아이도 마찬가지다. 내 아이도 아닌데 괜히 예쁜 아이가 있다.

외모가 화려하기 때문도 아니고, 집이 부자이기 때문도 아니다. 비밀은 결국 '말 한마디'이다. 언제나 사람의 인상은 무심코 내뱉은 한마디가 결정한다.

예를 들어 한 아이의 생일파티에 갔다고 생각해보자. 아이들이 웃으며 생일을 맞은 친구에게 선물을 준다. 그런데 분위기가 갑자기 바뀌었다. 생일 주인공인 아이가 선물 포장을 뜯고 내뱉은 한마디 때문이다.

"어, 나 집에 더 좋은 거 있는데."

"에이, 나 이런 선물 별로야."

모든 선물이 마음이 들 수는 없다. 하지만 상대를 생각한다면, 언제나 기분 좋게 반응할 줄 알아야 한다.

"내가 이거 갖고 싶어하는 줄 어떻게 알았어?"

"정말 예쁘다. 이런 걸 어떻게 구했니?"

듣는 건 쉽지만, 실제로 이런 반응은 바로 나오지 않는다. 좋은 리액션은 많은 시간 고민한 끝에 나오는 생각의 흔적이기 때문이다. 아이에게 아래의 문장을 필사하게 해보자. 그리고 '다른 사람의 기분을 상하지 않게 하면서 내 생각을 조리 있게 말하는 방법'에 대해 이야기 해보자.

나는 한 번 더 생각하고 말합니다.
그래도 충분하지 않으면 두 번 더 생각합니다.
친구가 소중한 만큼 조금 더 생각할 겁니다.
그래야 내 마음을 예쁘게 전할 수 있으니까요.

부모의 언어 능력이 아이의 인생을 바꾼다

"모든 아이는 천재로 태어난다."

"재능이 없는 아이는 없다."

많은 사람이 이렇게 조언한다. 그런데 왜 정작 부모는 다른 이야기를 하는 걸까?

"아이가 뭘 잘하는지 모르겠어요."

"우리 아이는 할 줄 아는 게 없어요. 걱정입니다."

사람들의 일상은 처한 환경에 따라 모두 다르지만, 확실한 것은 '누구에게나 재능은 있다'는 사실이다. 대가의 반열에 오른 세상의 거의 모든 사람들은, 어릴 때 부모로부터 다른 아이들과 다른 말을 듣고 살았다. 그리고 아래 조항들을 반드시 지켰다.

1. 불길한 예감은 표현하지 않는다

불길한 예감은 왜 항상 틀리지 않을까? 이유는 간단하다. 무의식적으로 자주 생각하고, 그것을 진실로 믿기 때문이다. 아이들이 실패할 때마다 부모가 "내가 그럴 줄 알았지"라고 말하면 순간적으로 기분이 해소될 수는 있겠지만, 좋은 모습은 아니다. 부모는 아이에게 긍정적인 예감을 표현해야 한다.

"다음에는 될 수 있는 방법을 찾아보자."

2. 아이를 격려하는 말을 자주 하자

아이들은 자꾸만 도전하려고 하지만, 부모의 잘못된 말은 아이를 포기하게 만든다. 아이가 도전에 실패하면, 어떤 부모들은 "그것 봐. 내가 분명히 하지 말라고 그랬지!"라고 말하며 포기하지 않고 실패하거나 다친 아이들을 비판한다. 물론 아이가 위험한 상황에 놓였을 때는 반드시 제어해야 한다. 하지만 보통의 경우, "와, 생각하지도 못한 멋진 도전이네"라는 식으로 표현하며 아이가 스스로 선택한 시도를 응원하는 게 좋다.

3. 내일의 가치를 표현하라

대가를 키운 부모들의 말을 살펴보면, 하나의 공통점이 있다. 아이가 자신의 내일을 기대하게 만들었다는 사실이다. 열심히 공부했지만 원하는 성적을 받지 못하거나, 노력한 만큼 성취하지 못했을 경우에 그들은 현재의 수치를 언급하기보다는 미래의 가치를 논했다. "에이,

겨우 80점이네"라고 말하지 않고, "너는 다음 시험에는 분명 더 좋은 결과를 낼 거야"라고 말하며 아이들이 흘린 땀이 보여줄 '내일의 가치'를 표현했다.

자신의 내일에 기대를 품은 아이는 아무리 힘들어도 쉽게 포기하지 않으며, 마침내 사라지지 않는 자신의 행복을 찾아 나선다. 아이의 행복의 시작과 끝에 '부모의 말'이 있다. 아이의 삶은 부모의 말에 영향을 받는다. 부모의 말 한마디가 아이에게는 하나의 생명일 수 있다. 아래의 문장을 소리 내어 읽고 필사하기를 바란다.

> 아이는 두 번 태어난다.
> 부모의 사랑으로 세상에 태어나서,
> 부모의 말로 다시 한 번 태어나 완벽해진다.
> 부모의 말이 아이에게는 생명이다.
> 나는 오늘 어떤 생명을 아이와 나눴는가?

부모의 언어는 아이가 살아갈 정원이다

초등학교 시절 할머니가 이런 이야기를 들려주신 적이 있다. 워낙 강렬한 기억이라서 여전히 그 순간 나눴던 할머니의 표정까지 기억하고 있을 정도다.

"종원아, 세상에서 가장 무식한 행동이 뭔지 아니? 바로 음식을 빨리 과도하게 먹는 거야. 음식은 천천히 그리고 적당히 먹어야 해. 행동 하나하나가 바로 너의 삶이 되기 때문이란다. 작은 게 결국 커진다는 사실을 기억하렴."

할머니는 이미 오래전 세상을 떠났지만, 당시 내게 들려주신 말과 철학은 여전히 내 마음속에 남아서 나를 굳게 지켜주고 있다. 말할 때는 품위 있게, 행동은 차분하게, 그리고 깊은 생각으로 세상을 바라볼 수 있게 되었다. 유혹에 흔들리지 않고, 과소비하지 않지 않으며, 분별력 있는 사람으로 아이를 키우고 싶다면 부모는 자신의 언어를 더욱 정교하게 다듬고 활용해야 한다. 결국 모든 아이는 부모가 들려주는 언어의 정원에서 살아가는 아름다운 꽃이다. 오늘 당신은 그 정원에 어떤 향기가 나는 꽃을 심었는가?

일상에서 자주 쓰는 부모의 작은 표현 하나가 아이의 생각을 크게 키우기도 하고, 반대로 억압하고 없애기도 한다. 하나도 어렵지 않다. 차분하게 생각하면 누구나 좋은 표현을 통해 아이를 아름다운 생각의 정원으로 인도할 수 있다. 다만 먼저 아이에게 다음 글을 필사하게 하며 언어가 갖고 있는 가치를 전하는 게 좋다. 가치를 알고 있어야 변화의 속도와 크기도 달라질 수 있다.

"나는 언어의 가치를 알고 있습니다.
창조적인 사람으로 성장하기 위해
예쁘게 말하는 사람으로 살기 위해
내가 할 수 있는 최선의 방법은,
생각하고 또 생각해서 나온 말을
선물처럼 들려주는 것입니다.
어렵게 생각하지 않습니다.
일상의 작은 표현 하나만 바꿔도
언제든 할 수 있는 일입니다."

아이의 꿈을 존중하는 말 한마디의 힘

남자의 아버지는 6.25 전쟁에서 한쪽 눈을 잃고 팔다리를 다친 장애 2급 국가 유공자였다. 아버지는 그에게 반갑지 않은 이름이었다. '병신의 아들'이라고 놀리는 친구들 때문이었다. 가난은 그림자처럼 그를 둘러쌌다. 아버지는 아들에게 미안한 마음을 표현하고 싶을 때마다, 술의 힘을 빌려 말했다.

"아들아, 미안하다."

가난한 자들을 위한 의사, 이국종 교수의 이야기다. 그는 한 인터뷰에서 이렇게 말했다.

"중학교 때 축농증을 심하게 앓은 적이 있습니다. 치료를 받으려고 병원을 찾았는데 국가 유공자 의료복지카드를 내밀자 간호사들의 반웅이 싸늘했습니다. 다른 병원에 가보라는 말을 들었고 몇몇 병원을 돌았지만, 문전박대를 당했습니다. 이런 일들을 겪으며 이 사회가 장애인과 그 가족들에게 얼마나 냉랭하고 비정한 곳인지 잘 알게 됐던 것 같습니다."

자신을 받아줄 다른 병원을 찾던 중 그는 자기 삶을 바꿀 의사를 만나게 된다. '이학산'이라는 이름의 외과 의사였는데, 그는 어린 이국종이 내민 의료복지카드를 보고는 이렇게 말했다.

"아버지가 자랑스럽겠구나."

그는 진료비도 받지 않고 정성껏 치료하고는 마음을 담아 이렇게 격려했다.

"열심히 공부해서 꼭 훌륭한 사람이 되어라."

그 한마디가 어린 이국종의 삶을 결정했다.

지금 한번 자신의 삶을 돌아보라. 당신은 누군가 자신의 꿈을 말할 때, 뭐라고 답해주는가? 아마 이런 방식의 말에서 크게 벗어나지 않을 것이다.

누군가 자신의 꿈을 말할 때, 당신은 뭐라고 답해주는가?

"다 좋은데, 그게 돈이 되겠니?"

"너 그거 하려고 대학 나왔니?"

"그거 아무도 알아주지 않는 일이야!"

이런 말들은 상대의 마음을 아프게 할 뿐이다. 따뜻한 마음을 담아 호응하면 어떨까? 아이가 자신의 꿈을 말할 때도 똑같이 답해주자.

"네 꿈 참 근사하다."

"참 멋진 꿈을 가졌구나!"

"그런 꿈을 가진 네가 나는 참 자랑스럽다."

한 사람의 꿈은 그것을 지지하는 다른 한 사람에 의해 더 커지고 강해진다. 당신이 정말 그 사람을, 아이를 사랑한다면, 당신 스스로가 '꿈과 용기를 주는 한 사람'이 돼라. 한 마디만 다르게 말해도, 한 사람의 삶을 바꿀 수 있다.

아이의 인생 문장 필사

부끄러움을 자랑스러움으로 바꾸는 말

아이와 함께 이국종 교수가 남긴 문장을 필사해보자.

의사가 되어 가난한 사람을 돕자.
아픈 사람을 위해 봉사하며 살자.
환자는 '돈 낸 만큼' 치료 받아서는 안 된다.
'아픈 만큼' 치료받아야 한다.

어린 이국종이 내민 의료복지카드를 보며 "아버지가 자랑스럽겠구나"라고 말한 의사가 없었다면 어떻게 되었을까? 그 아이는 지금 우리가 아는 이국종 교수가 되지 못했을지도 모른다. 부끄럽다고 생각한 의료복지카드를 자랑스럽게 만들어준 근사한 한마디가 더 세상을 더 아름답게 만들었다.

정중하게 자신의 진심을 전하는 언어 훈련법

마음은 그게 아닌데, 전혀 상황과 맞지 않는 단어와 표현으로 지인의 비난을 받는 사람이 있다. 선한 마음으로 입을 열고 순수한 의도로 글을 쓰지만, 그에게 돌아오는 소리는 "그만 좀 해!"라는 외침뿐이다.

요즘은 각종 SNS에서 수시로 모임을 개최한다. 방식은 매우 간단하다. 일단 공지를 올리고 그 글에 댓글로 참석 의사를 표시하는 방식으로 모임을 진행한다. 회비가 있다면 입금하고 확인 문자를 보내면 된다. 그런데 수많은 모임 공지를 보면 항상 '최악의 댓글'이 하나씩은 있다.

"꼭 참석하고 싶은데, 제가 사는 곳은 경기도입니다. 왜 늘 모임은 서울인가요!"

댓글에 자신의 희망을 조금 섞는 경우도 있다.

"이번에는 바빠서 참석하지 못하지만, 다음에는 꼭 갑니다!"

그리고 도저히 알 수 없는 감정을 글로 남기는 사람도 있다.

"가시는 분들 정말 부럽습니다. 다녀오셔서 리뷰 남겨주세요."

모임 공지를 보면 앞에서 5개 정도까지는 불참 의사를 밝힌 댓글이 달려 있을 때가 많다. 이유는 간단하다. 첫 댓글에서 누군가가 '이 모임에 참석하지 않아도 괜찮은 몇 가지 이유'를 친절하게 알려주었기 때문이다. 모임 장소보다 먼 곳에 살고 있지만 참석 댓글을 쓰려던 사람도 '멀어서 참석하지 않겠습니다'라는 댓글을 보면 '이거 내가 너무 오버하는 건가?' 하고 고민하게 된다. 또 바쁘다는 이유로 불참석 댓글을 쓰고 '참석하시는 분이 부럽습니다'라고 마음에도 없는 말을 하게 된다.

물론 이 모든 댓글이 실제로 진실한 마음에서 나온 글일 수도 있다. 그렇다면 더욱 안타깝다. 말과 글에는 나름의 때가 있다. 모임을 주도하는 사람은 모든 정성을 다해 공지를 올렸는데, 첫 댓글이 '정성스럽게 작성한 불참 의사'라면 기분이 어떨까? 그리고 그걸 읽는 사람들의 마음은 또 어떨까? 한마디로 초장에 김이 새는 격이다.

좋은 의도에서 나온 의견이지만 주변에 부정적인 영향을 줄 수도 있다는 생각이 들면, 이런 경우 '말과 글의 때'를 아는 사람들은 쪽지나 메시지 등을 활용한다. 굳이 부정적인 기운을 전체에 퍼지게 할 필요는 없다. 모임을 주도하는 사람에게만 '가고 싶지만 갈 수 없는 아쉬운 마음'을 알리면 된다. 자기가 생각한 것을 제대로 전달하는 동시에 커뮤니케이션도 잘하고 사람들과 마찰을 일으키지 않는 사람은 이 사실을 잘 알고 있다.

혹시 지금도 고민하고 있는가?

'왜 사람들은 내 진심을 알아주지 않는 걸까?'

당신의 진심에는 전혀 문제가 없다. 진심을 전할 때와 방식을 제대로 선택하지 못했을 뿐이다.

의도는 나쁘지 않았지만, 전달 방식이 잘못된 사례를 한 가지 더 소개하겠다. 학생들에게 메일을 자주 받는 시즌이 있다. 학교에서 내준 '책을 읽고 그 작가와 서면 인터뷰를 하라'는 수행 평가를 하기 위해서 보내는 메일들이다. 아이들이 보낸 메일을 읽으면 귀엽고 사랑스럽지만, 한편으로는 참 아쉽다.

그 이유는 메일 제목조차 적지 않아서 '제목 없음'으로 오기 때문이고, 메일 제목이나 내용에 내 이름이 한 번도 나오지 않기 때문이다. 사실 더 정확하게 표현하자면 아이들은 작가들 메일 주소를 수집해서 본문 내용을 똑같이 붙여 넣은 다음, 메일을 동시에 '뿌린 것'이다. 게다가 대부분의 아이들이 고등학생이어서 나는 더 마음이 아팠다.

결국 교육의 문제다. 초등학교에 다닐 때부터 수많은 메일을 보냈는데, 고등학생이 되었다고 갑자기 달라질 수는 없을 것이다. 그러면 아이는 결국 시작의 뜨거움과 과정의 기쁨을 모르는 '낮은 의식 수준을 가진 어른'으로 성장할 수밖에 없다.

그래서 나는 늘 아이들에게 '과정의 중요성'을 강조한다. 한 사람의 의식 수준은 결과를 추구하는 마음보다 '시작부터 끝까지 마음을 담는 과정'에서 결정되기 때문이다. 중요한 것은 작가에게 메일을 보내고 답을 얻는 것이 아니다. 자신이 목표하는 것을 얻기 이전에 아이들은 정중하게 말하고 글을 쓰는 법, 전하고 싶은 말과 글에 자신의 마음을 담는 법을 배워야 한다.

앞서 소개한 '불참 댓글' 이야기, '붙여 넣기'식 메일 이야기는 목적이나 결과가 아닌 '과정의 귀함'을 알려주는 교육이 중요하다는 사실을 다시 깨닫게 한다. 교육의 중심에 바로 '언어'가 존재한다. 의식 수준이 높은 아이들은 평소에 쓰는 언어 자체가 다르다.

만약 의식 수준을 제대로 갖춘 아이들이 작가들에게 메일을 쓴다면 어땠을까? 그들은 작가를 만나 이야기를 나누며 얻는 '결과'가 아니라, 작가를 만나기 위한 '과정'에 마음을 담아야 한다는 것을 잘 안다. 또한 이것이 상대방에 대한 최소한의 예의라는 사실도 알고 있다. 목적 그 자체보다는 '목적으로 가는 여정의 중요성'을 아는 아이는 과정에 더 많은 정성을 쏟게 되고, 자연스럽게 '땀을 흘리며 일하는 기쁨과 소중함'을 알게 된다.

어떻게 해야 정중하고 예의 바르게 자신의 생각을 전달하는 아이로 키울 수 있을까? 방법은 그리 어렵지 않다. 다음 3단계 과정을 통해 우리는 아이들의 언어를 단련하며 의식 수준을 높일 수 있다.

1단계 : 쉽게 읽을 수 없는 책을 읽게 하라

부모들은 보통 아이의 언어를 단련시키기 위해서 쉬운 책을 읽혀야 한다고 생각한다. 하지만 의식 수준을 높이기 위해서는 조금 다른 방법을 선택해야 한다. 책 한 권을 끝까지 읽는 것보다 수준 자체를 높이는 것이 더 중요하기 때문이다.

그렇다고 극단적으로 수준을 끌어올릴 필요는 없다. 2학년이라면 3학년이 읽는 책을, 5학년이라면 6학년이 읽는 책을 골라주자. 대충 읽으면 이해할 수 없는 부분이 있어야 아이가 생각을 시작하게 된다. 그 작은 차이에 집중해야 한다.

2단계 : 처음부터 끝까지 꼼꼼하게 읽게 하라

내용을 예상하며 띄엄띄엄 읽으면 안 된다. 모든 내용을 문장 하나까지 완벽하게 읽어야 한다. 열 장 정도를 읽을 때마다 아이가 실제로 잘 읽었는지 간단한 테스트를 하는 것도 좋은 방법이다. 다만 "엄마, 아빠는 나를 믿지 못하는 거야?"라는 아이의 저항이 있을 수도 있으니, 가벼운 상품을 걸고 이벤트 정도로 하는 것이 좋다.

3단계 : 아이가 자신이 쏟은 모든 노력을 기록하게 하라

독서는 기록이다. 의식 수준을 높이기 위해서는 자신의 현재 수준을 알아야 하고, 꾸준하게 높이려는 의지를 갖고 있어야 한다. 얼마나 많은 시간을 투자해서 책을 읽었고, 무엇을 얻었는지 자세히 기록하게 하라. 그리고 마지막 줄에는 항상 기록한 날짜와 시간을 적어야 한다. 그렇게 쌓은 기록은 자연스럽게 '의식 수준의 역사'가 될 것이다. 아이가 힘들어하거나 귀찮아해도, 멈추지 말고 지속하도록 격려하는 것이 좋다. 그 순간은 귀찮을 수 있지만, 훗날 무엇보다 위대하고 빛나는 가치가 될 것이다.

방법을 아는 것도 중요하지만, 아이의 문제는 저절로 해결되지 않는다는 현실도 꼭 기억하고 있어야 한다. "어른이 되면 저절로 나아지겠죠." 많은 부모가 이렇게 말한다. 과연 맞는 말일까?

독일의 바이마르로 여행을 떠난 적이 있다. 열차에서 내리자마자 갑자기 비가 내렸다. 초행길이라 중간에 길을 헤맸고, 신호등을 미처 보지 못해 빨간불인데도 길을 건너기도 했다.

길을 건너는 도중, 신호를 무시했다는 사실을 깨달은 나는 창피한 마음에 마지막 몇 걸음을 후다닥 뛰어서 이동했다. 그런데 생각해보면, 빨간불인지도 모르고 길을 건너는 동안 나는 그 어떤 제재와 독촉도 받지 않았다. 양손으로는 캐리어 2개를 끌고, 등에는 가방을 짊어지고, 우산도 없이 비 오는 길을 걸어가는 여행자의 모습이 안타까워서 아무도 제재하지 않았을까? 자동차가 지나가야 하는 신호였지만, 자동차는 속도를 줄여 내 앞에 멈춰주었다.

"내가 너보다 더 힘들어."

"내가 바쁘니까 먼저 가야 해!"

나는 이 경험을 통해 나만 생각하며 살았던 세월을 반성하고 부끄러움을 느꼈다. 사람들은 어른이라 불렀지만, 여전히 나는 작고 가벼운 마음을 가진 존재에 불과하다는 사실을 알게 되었다.

진정한 어른이란 무엇일까? 소리치지 않고 아이의 때를 차분하게 기다려주는 마음, 믿을 수 없는 상황에서도 아이의 가능성을 믿는 마음, 아이가 짊어진 짐의 무게를 가늠해주는 마음, 이 모든 마음을 가진 사람이 아이의 삶을 나아지게 할 어른 아닐까?

어른이 되면 아이의 문제가 저절로 나아지는 것이 아니다. '진정한 어른의 마음을 갖춘 부모'에게 아이가 배우며 점점 나아지는 것이다. 기억하라. 이 세상에 저절로 이루어지는 것은 없다.

올바른 언어를 구사하는 아이의 비결

어떻게 하면 올바른 언어를 아이가 단련할 수 있을까? 아이가 책을 읽기 싫어하거나 기록하기 싫어할 때, 다음 문장을 필사하게 하라.

네가 이 책을 다 읽었다는 것은 참 대단한 일이야.
처음부터 끝까지 모든 내용을 알고 있다는 거니까.
무언가를 안다는 것은 그런 거야.
처음부터 끝까지 완벽하게 알 때,
비로소 우리는 그것을 안다고 말할 수 있지.

책을 자주 읽는 아이도 별로 없지만, 한 권을 시작부터 끝까지 완벽하게 읽는 아이는 거의 없다. 뒤에 나올 이야기가 궁금하기 때문에 자꾸 페이지를 건너뛰기 때문이다. 그렇게 페이지를 빠르게 넘기다 보면, 아이의 독서는 시작과 끝만 남게 된다. 마치 여행할 때 목적지로 가는 것만 목표인 사람처럼, 과정을 하나도 기억하지 못하게 되는 셈이다. 언어의 힘을 느끼게 하려면 시작부터 끝까지 모든 과정을 제대로 밟고 지나가야 한다.

성격이 급한 아이를 차분하게 하는 말과 글

마트에서 장난감이 진열된 곳 앞에는, 울며 떼를 쓰는 아이가 많다.

"저거 지금 당장 사줘!"

아이가 소리치면 부모는 당황해서 이렇게 말한다.

"지금은 안 돼. 대신 엄마가 집에 가서 인터넷으로 주문해줄게."

아이도 지지 않고 응수한다.

"그럼 언제 오는데? 나는 지금 당장 갖고 놀고 싶단 말이야."

아이를 기르는 부모라면, 온라인에서 사면 분명 정가보다 저렴한 것을 알면서도, 아이가 보채기 때문에 어쩔 수 없이 당장 구매할 때가 종종 있다. 매우 안 좋은 상황이다. 살 계획이 없는 물건을 자꾸 아이에게 사주게 되면서, 아이의 성격은 날이 갈수록 급해지기 때문이다.

그러면 언제나 "지금 당장!"을 외치며 바로 진행하지 않으면 신경질을 부리는 사람으로 성장하게 될 가능성이 높다. 무언가를 기다리지 못하는 사람은 기회도 잡을 수 없다. 기회 역시 기다리는 자의 몫이기 때문이다.

자, 그럼 실전의 현장으로 가보자. 자꾸만 조르고 보채는 아이, 어떻게 달랠까? 아마 상상만으로도 벌써 머리가 어지러울 것이다. 부모 입장에서 가장 어려운 것 중 하나가 울며 보채는 아이를 달래는 일이기 때문이다.

특히 사람이 많은 곳에서 보채는 아이는 부모를 분노하게 하고 동시에 주변 상황을 어지럽게 한다. 무엇보다 아이 자신에게 안 좋은 영향을 준다. 순간적으로 부모의 분노와 주변 사람의 따가운 시선을 가슴에 안게 되는 것이기 때문이다.

그럴 때는 아이에게 '기다리는 시간의 소중함'에 대해 이야기해보자. 우리는 언제나 너무 쉽게 성급해지기 때문에 원하는 것을 이루지 못하고, 모든 것을 잃은 후 다시 처음부터 시작하게 된다. 쌓는 것은 어렵지만 사라지는 것은 한순간이다. 건강도, 명성도, 사랑도, 행복도 마찬가지다. 하지만 '쌓을 때 힘들었던 경험'을 기억한다면, 내가 힘들게 쌓은 것들이 사라지지 않도록 좋은 선택을 할 수 있을 것이다.

아이는 지금 당장 이 물건을 사고 싶지만, '나중에 사도 괜찮다'는 사실, '조금 더 기다렸다가 얻어도 된다'는 사실을 깨닫게 된다면 마음이 차분해진다. 또한 이러한 변화는 차분해지는 것 이상으로 엄청난 경쟁력을 갖는다. 아이는 아주 세심하게 세상을 관찰하고 사색할 수 있게 되며 이전과는 다른 선택을 하게 된다. 쌓인다는 것의 소중함을 깨닫고 차분해진 아이는 적당히 먹고 운동할 것이고, 타인을 비난하기보다는 칭찬할 것이고, 누군가를 미워하기보다는 이해해줄 것이다.

급한 성격 하나만 바꿔도 인생은 좋은 방향으로 흐른다. 최대한 부모가 차분한 상태를 유지하자. 아이가 '서두르지 않고 무언가를 기다리는 모습의 귀함'을 느낄 수 있도록 도와주자. 결국 아이는 부모의 모습을 보며 배운다.

기다림의 소중함을 알려주자

'급한 성격'은 무언가를 노력해서 이룰 때 느낄 수 있는 성취감을 모르기 때문에 생긴다. 아이가 끊임없이 조르고 보챌 때는 '시간은 사라지지 않고 쌓인다'라는 문장의 소중함을 알려줘야 한다. 때가 될 때까지 기다린다는 것이 얼마나 아름다운 일인지 잘 아는 아이는 자기 삶을 사랑하며 평생 좋은 기회를 자주 잡을 수 있다. 아이와 다음 문장을 필사하면 도움이 된다.

수많은 사람이 힘들게 쌓은 노력이
한 사람의 조급한 선택으로 쉽게 사라질 수 있습니다.
쌓는 건 힘들지만, 사라지는 건 쉽습니다.
그래서 나는 서두르지 않습니다.
갖고 싶은 게 있어도,
그것이 지금 당장 필요한 것인지 아닌지
조금 더 생각해보고 결정할 것입니다.

아이의 인생을 원하는 대로 끌고 가는 말버릇

무언가를 보여주면, 언제나 자극적인 언어로 평가하려고 하는 사람이 있다. 그럴 때마다 우리는 속으로 이렇게 생각하게 된다.

'내가 만든 작품을 보여주려고 했지, 내 작품의 결점이 궁금한 건 아니야.'

때때로 사람들은 공감을 원하는 상대방을 평가하고 자기 마음대로 순위를 매기려고 한다. 그런 말버릇은 관계를 망치고 평판까지 훼손하기 때문에 당장 버리는 게 좋다.

우리 아이들에게도 마찬가지다. 아이들에게 필요한 건, '평가의 언어'가 아닌 '공감의 언어'이다. 자신의 삶을 원하는 대로 끌고 나가는 아이로 키우고 싶다면, 몸과 마음을 안아줄 수 있는 공감의 언어를 말버릇처럼 자주 사용하게 하는 게 좋다.

1. 동등하다고 생각하자

세상에서는 언제나 갑과 을의 관계를 청산해야 한다고 외친다. 하지만 우리 현실은 어떤가? 그것을 외치고 집에 돌아가는 길에 마주치는 택시 기사와 집에 도착해서 마주하는 택배 기사에게 우리는 외친 것처럼 대하는가? 나는 20년 이상 택시 기사로 일해오신 분께 놀라운 이야기를 들었다. 20년 동안 자신의 택시를 탄 손님 중에서 단 한 번도 자기에게 물어보고 창문을 연 사람이 없다는 것이다. 정말 사소한 부분인 것 같지만, 사실 잘 모르는 사람과 좁은 공간에 함께 있을 때 창을 열거나 담배를 태우는 등의 문제는 반드시 먼저 양해를 구해야 할 행동이다. 사실 내 기분이 좋을 때는 상대에게도 잘하게 된다. 택배 기사와 택시 기사, 혹은 그와 유사한 사람을 얕잡아 보는 이유는 당시 내 기분이 나쁘기 때문이다. 기분에 상관하지 않고 늘 주변의 모든 사람을 존중하려면 동등하다는 생각을 잊으면 안 된다.

이 생각을 먼저 실천하자. 밤에 눈이 오면 새벽에 가장 먼저 나가 집 근처에 쌓인 눈을 치우는 거다. 아이가 그 이유를 물으면, "고생하는 택배 기사들의 안전을 위해서 치우는 거야"라고 말해주자. 말만 그들 처우를 개선하자고 하지 말고, 행동으로 보여주자. 세상을 갑과 을로 나누지 않고 동등하게 바라보는 것이 바로 예쁘게 말하는 사람들이 반드시 지키는 제 1원칙이다.

2. 상대의 기분을 생각하자

상대의 나이와 환경 등을 배려하지 않고 쉽게 말하는 사람들이 가장 자주 하는 실수 중 하나는 "수고하세요" "고생하세요"라는 말이다. 20대 신입 사원이 60대 임원에게 "수고하세요"라고 말하면 듣는 사람 입장에서 어떤 생각이 들까? "고생하세요"라는 표현도 마찬가지다. 때에 맞는 표현을 적절하게 사용해야 한다. 잘 보여야 하는 입장에 있는 사람이 자꾸만 때에 맞지 않는 표현을 사용하면 아마도 그는 원하는 것을 얻지 못할 것이다. 예쁘게 말하는 사람의 두 번째 원칙은 상대의 기분을 생각하며 말하는 것이다. 내가 하는 말이 아니라, 내가 듣는 말이라고 생각하며 표현할 방법과 단어를 선택해야 한다. 처음에는 쉽지 않으니까, 모든 표현을 "감사합니다"로 통일하는 게 적절하다. 상황에 따라 '정말'이라는 표현을 앞에 붙여서 절실하고 진실한 마음을 표현하는 것도 좋다.

3. 분노가 아니라 상황을 전달하자

부모가 가장 먼저 바꿔야 할 부분이다.

"왜 안 왔어? 온다고 했잖아!"

"왜 전화 안 받았어? 세 번이나 한 거 알아?"

'왜'라는 말은 공격적으로 들린다. 동시에 원한과 감정을 실어서 말하는 것처럼 느껴진다. "안 받았어?"라는 표현도 공격적이다. '나를 왜 무시하느냐?'라는 분노와 '별 것도 아닌 게!'라는 상대를 무시하는 느낌이 동시에 느껴진다. 자신은 모르지만 상대는 그렇게 느낀다. 이렇게 자연스럽게 상황만 전달하자.

"많이 바빴지? 전화 연결이 잘 되지 않더라."

아이를 대할 때도 마찬가지다. "너 왜 전화 안 받았어?"라는 말로 시작하면 아이 입장에서는 그 뒤에 생략된 말을 "너 게임 하느라 전화 오는 줄도 몰랐지?" "놀이터에서 노느라 전화 일부러 안 받은 거지?" 등으로 예상하며 부정적인 느낌을 가지게 된다. 분노를 전하려는 마음은 접고 상황을 전달하자는 마음을 펴자.

지금까지 살펴본 것처럼 언어 습관은 노력하면 바뀔 수 있다. 언어 습관의 해답은 결국 '생각'이다. 좀 더 생각하고 농밀하게 말해야 한다. 아직 익지 않은 색이 파란 바나나를 사서 식탁에 두고, 점점 노랗게 변해가는 바나나의 변화를 보여주며 아이에게 물어보라.

"바나나는 왜 식탁에서도 익을까?"

과일은 식탁에 놓여 있으면서도 익는다. 왜 그럴까? 사람은 왜 익지 않고, 과일은 익는 걸까? 바나나가 익어가는 현상을 보며 우리는 어떤 점을 느낄 수 있을까?

이를 통해 아이와 '세상에 저절로 이루어지는 건 없다'라는 사실에 대해 말할 수 있다. 수확한 과일도 살아 있는 생명이다. 그들도 호흡을 한다. 더 나아지려고 노력한다는 의미다. 세상의 쓰임을 받는 사람은 스스로 더 나은 자신을 만들기 위해 노력하는 자다. '천재'라는 단어가 손정의 회장을 비롯해 수많은 대가의 삶을 이끈 것처럼, 긍정적인 말을 하는 것도 마찬가지다. 듣기에 좋고 예쁜 말은 힘이 세다. 지성의 끝에서만 나올 수 있는 표현이기 때문이다. 더 나은 결과를 원한다면 지금까지 쌓은 모든 지성을 모아 가장 적절하면서도 예쁜 말을 찾아서 상대에게 들려주는 게 좋다. 같은 상황에서도 예쁘게 말하는 말버릇 하나로 삶을 바꿀 수 있다.

아이에게 자신감을 주는 말버릇

"너는 천재다."

대가나 위인들이 어린 시절 부모에게 가장 자주 들었던 말이다.

물론 '천재'라는 말을 처음부터 쉽게 받아들이지는 못했을 것이다. 친구들이 놀리기도 했고, 주변 어른이 현실을 직시할 말을 해서 자존감에 상처를 내기도 했을 것이다. 하지만 아이에게 반복적으로 '천재'라는 단어를 들려주는 건 생각보다 큰 힘을 발휘한다. 아이는 천재라는 단어를 들으면, '나는 무엇이든 할 수 있는 사람'이라고 생각한다. 어른이 생각하는 것처럼 에디슨이나 아인슈타인을 연상하는 의미가 아니다. 나는 천재라는 말이 아이에게 주는 '자신감'을 강조하고 싶다.

일본 최대 소프트웨어 유통 회사이자 IT투자기업인 소프트뱅크를 설립한 이후 세계적인 재벌로 떠오른 재일교포 3세인 손정의 회장도 마찬가지였다. 그도 어릴 때부터 천재라는 이야기를 듣고 자랐다. 매일 같은 소리를 듣다 보니 그는 '정말 내가 천재인가?' 하는 생각이 들었고, 그것이 훗날 자신감으로 이어졌다고 한다. 사업 제휴를 맺고자 하는 상대방에게 '저는 천재입니다'라고 말하곤 했는데, 상대방 역시 손정의에게 천재 같은 면이 있어 보이는 인상을 받았다고 한다. 상황에 맞게 처신하는 것도 중요하겠지만, 이 사례를 통해 '천재'라는 단어가 아이에게 어떤 영향을 끼칠 수 있는지 잘 알 수 있다. 아이와 함께 아래 문장을 함께 읽고 써보자.

나는 무엇이든 할 수 있습니다.
나는 천재입니다.
어떤 일도 포기하지 않으니까요.
노력하는 인간은 무엇이든 할 수 있습니다.

부작용도 있다. '천재'라는 단어에 매몰돼 타인을 무시하며 살 수 있다. 그런 경우에는 아래 문장을 필사하며 해결하면 된다.

천재는 겸손해야 합니다.
천재적인 재능은
겸손한 사람에게만 허락되기 때문입니다.
나는 세상을 알기 위해 더 노력하지만
알수록 고개를 숙일 것이며,
다른 사람을 생각하며 행동하지만
결코 도전을 멈추지 않는 사람으로 성장할 것입니다.

세상에 흔들리지 않고 자기 생각을 만드는 법

인생을 효율적으로 살고 싶다면, 대학에 입학할 나이가 되기 전에 자기 생각의 기반을 닦는 것이 좋다. 물론 대학을 졸업한 이후에도 충분히 생각의 기반을 닦을 수 있다. 하지만 그때는 너무나 많은 시간이 소비된다. 나이가 들면, 세상의 변화에 나도 모르게 이끌리기 때문이다. 어른이 되어 정신을 차리고 생각의 기반을 닦을 수도 있지만, 어릴 때보다 몇 배 더 힘들고 시간도 오래 걸리기 때문에 비효율적이다.

주도적으로 생각하고, 그 생각의 기반을 닦기 위해서 가정에서는 어떻게 해야 할까? 바로 '교육'이 아닌 '학습'이 이루어질 수 있도록 해야 한다. 그렇다고 갑자기 세상을 바꿀 수는 없다. 우리나라 교육 제도를 탓하기보다는 가정에서 먼저 시작해야 한다. 부모가 다음 세

가지 지침을 가슴에 품고 아이를 대해야 한다.

1. 모든 일상을 학습에 두라

사소한 것 하나라도 그것을 가르치기보다는 배울 수 있게 해야 한다. 가르친다는 것은 선생님의 입장이고, 배운다는 것은 학생 입장이다. 아무리 가르쳐도 학생이 배우지 않으면 쓸모가 없다. 아이 입장에서 스스로 배울 수 있게 해야 한다.

2. 학습으로 자연스럽게 이끄는 독서법

학습은 결국 '자기 주도적'으로 시작한다. 스스로 선택하고 책임지게 해야 한다. 아이에게 책을 골라주지 마라. 다만 앞에서 언급한 것처럼 아이가 현재 수준보다 조금 높은 수준의 책을 읽도록 도와줄 필요는 있다. 골라주더라도 억지로 읽게 하지 말라. 아이가 읽고 싶다는 책을 어떤 의심도 없이 구해서 안겨줘라. 만화책을 읽더라도 스스로 선택해서 읽으면, 억지로 고전을 읽는 것보다 더 많은 것을 얻을 수 있다. '학습'을 하기 때문이다.

3. 자기 몸과 생각을 사랑하게 하라

자기 주도란 결국 자신을 사랑하는 마음에서 시작한다. 자신을 사랑하지 않는 사람은 무엇도 선택하지 않는다. 그러므로 무엇도 배울 수 없다. 오직 '주입'에 의지할 뿐이다. 아이에게 몸의 아름다움을 알려주고, 각 부위의 이름을 설명하며, 자기 몸에 대한 사랑을 가슴에 품게 하라. 자기 몸에 대한 사랑이 시작되면, 아이는 비로소 생각을 시작하게 될 것이다. 언제나 사랑이 생각을 시작하게 한다.

실제로 세상에 흔들리지 않고 자기 생각을 만드는 아이로 키운 가정의 이야기를 하나 소개한다. 나의 지인이기도 한 그 부부는 아이가 어릴 때 10년 정도 독일에서 살았다. 아이는 한국 기준으로 초등학교 6학년 때까지 독일에서 교육 받았다. 구구단을 외우지는 못했지만 수학은 잘했다. 학교에서는 암기보다는 '8×8의 답이 왜 64인지' 원리를 알려주었다고 했다. 독일의 학교는 '교육이 아닌 학습'을 실천한 것이다. '교육'과 '학습'은 그 의미가 다르다. 교육이 지식을 주입하는 행위라면, 스스로 생각하고 배울 수 있게 하는 '학습'은 앞으로의 시대에 딱 맞는 현명한 방식이다. 앞으로는 '생각하는 지성'이 필요하다. 생각해야 또 생각할 수 있고, 성장을 거듭할 수 있다.

지인의 문제는 귀국 후에 발생했다. 아이는 중학생이 된 이후 한국으로 돌아와 학교를 다니게 되었다. 아이는 당황했다. 모든 수업은 주입식이었으며, 스스로 생각할 수 있도록 돕는 수업은 찾아볼 수 없었다. 아이는 한국에서 배운 것을 한마디로 정리했다.

"나는 수능 잘 보는 기술을 터득했다."

아이들이 학교에서 배운 것을 사회에서 써먹지 못하는 이유가 바로 여기에 있다. '기술'은 그 분야에서만 쓸 수 있다. 우리의 귀한 아이들은 결국 스무 살이 다 될 때까지 단 하나, '수능 잘 보는 기술'만 터득하게 되는 것이다.

스스로 생각하는 아이는 휘둘리지 않는다

2016년, 〈파이낸셜 타임스〉는 놀라운 기사를 내보냈다. 〈포브스〉가 선정한 '100대 부자 명단'에 이름을 올린 억만장자 네 명 중 한 명은 고등학교나 대학교를 중퇴했다는 것이다. 여기서 중요한 것은 그들이 부자라는 사실이 아니라, '스스로 생각하는 사람들'이었다는 사실이다.

스티브 잡스와 빌 게이츠, 마크 저커버그 역시 대학을 졸업하지 않았다. '공부하는 삶' 대신 '생각하는 삶'을 선택한 것이다. 그 이유는 이미 자기 삶의 스케치를 완성했기 때문이다. 생각의 기반을 닦는 것은 스케치에 비유할 수 있다. 어떤 사물을 그림으로 표현하기 위해서는 먼저 정교하게 스케치를 해야 한다. 내가 살고 싶은 인생을 그리기 위한 준비 단계인 셈이다.

생각의 기반을 닦아 놓은 사람들은 이후에 자기가 설계한 대로 인생을 만들어나갈 수 있게 된다. 아이와 함께 아래 문장을 필사하며 생각의 중요성에 대해 이야기하자.

내 생각이 세상으로부터 나를 지키는

튼튼한 방패다.

자기 생각을 조리 있게 말하고 쓰는 아이의 비밀

쓰는 능력과 말하는 능력은 사실 하나로 통한다. 제대로 쓰는 아이는 제대로 말할 수 있다. 말하기 수업을 아무리 많이 받아도, 글쓰기 능력이 없는 아이는 자기 생각을 조리 있게 말하기 힘들다. '글로 쓸 자기 생각'이 없기 때문이다. 말하기 역시 기본적으로 '할 말'이 있어야 잘한다.

1. 아이에게 글쓰기의 의미를 알려주자

첫 번째, 글을 쓴다는 것은 '부끄러운 일'이다. 글쓰기는 나를 견딜 수 있어야 시작할 수 있다. 모든 글의 첫 독자는 글을 쓴 자신이기 때문이다. 숨기고 싶은 내면과 마주하고, 슬픔과 고통이 마찰하며 내는 열기에 얼굴이 확 달아오른다. 하지만 이것은 글을 쓰기 위해 반드시 이겨내야 할 과정이다. 따라서 글을 쓰기 시작한 사람은 위대하고, 강한 내면의 소유자라 부를 수 있다. 반대로 요즘 내면이 약해졌다는 생각이 들면, 당장 글을 쓰기 시작하며 상황을 반전시킬 수 있다.

두 번째, 지속해서 글을 쓴다는 것은 '두려운 일'이다. 내 글을 읽은 누군가가 내 생각을 부정할 수 있고, 내가 보낸 시간을 검증하려 할 수도 있다. 또한 글을 통해 좋은 인연을 악연으로 만들어버릴 수도 있고, 나도 모르는 누군가에게 실망을 줄 수도 있다. 심지어 가족에게도 말이다. 따라서 글을 지속해서 쓴다는 것은 두려운 일이다. 많은 사람이 글쓰기를 중간에 포기하는 이유도 바로 여기에 있다. 글쓰기를 중단하고 다시 일상에 빠져 살면 순간적으로는 자유롭다. 하지만 곧 허무해질 것이다. 자유란 '회피하며 얻는 것'이 아니기 때문이다.

세 번째, 글쓰기를 멈춘다는 것은 '나를 버리는 일'이다. 일상에서 느끼는 영감과 사색의 덩어리들은 글로 표현하지 않으면 정말 빠르게 어딘가로 숨는다. 문제는 이것들이 다시는 나에게 돌아오지도 않으면서, 그렇다고 사라지지도 않는다는 것이다. 내 주변을 어슬렁거리며 돌아다닌다. 글을 열심히 쓰다가 중단한 사람들이 겪는 고통은 바로 '사라지지 않고 나를 괴롭히는 수많은 영감' 때문에 일어난다. 일상에서 느낀 것은 바로 글로 표현해야 한다. 글은 내 삶과 영감을 붙잡는 최고의 장치다. 따라서 우리는 아이에게 글을 써야 할 이유와 참된 의미를 알려주어야 한다.

2. 올바른 말하기의 의미를 알려주자

내가 확신하는 문장이 하나 있다.

'글을 잘 쓰는 사람이 말도 잘한다.'

물론, "저는 글은 잘 쓰지만, 말은 너무 순간적으로 일어나는 일이라 쉽지 않습니다"라고 응수하는 사람도 있을 것이다. 하지만 이 대답은 말을 잘하지 못하는 본질적인 이유가 되지 않는다.

가끔 우리는 완벽하게 준비한 대화를 끝낸 후에, 돌아서서 후회하는 경우가 많다.

"아, 그때 이렇게 응수했어야 했는데."

"왜 이제야 더 멋진 답변이 생각날까?"

준비한 답변을 제때 활용하지 못한 이유는 당신의 말이 삶에서 실천하는 문장이 아니었기 때문이다. 다시 말해, 그저 상대를 설득하거나 유혹하기 위한 목적으로 머리에서 창조한 문장, 그저 말로만 끝나는 문장이기 때문이다. 가슴에 간직하고 삶에서 늘 실천하는 문장은 잠을 자다가도 일어나서 바로 강연하라고 해도 입에서 술술 나온다. 하지만 아무리 멋진 문장이라도 그것을 실천하지 않는 사람은 많은 시간을 투자해서 외워도 잘 나오지 않는다.

말을 잘한다는 것은 누군가를 빠른 시간 안에 설득할 수 있다는 것을 의미하는 것만은 아니다. 대화를 열 마디 이상 나누지 않아도, '이 사람 말을 참 잘하네'라는 인상을 주는 사람이 있다. 어떤 의도도 없이 순수하게 자신이 생각하는 말을 하는 사람들의 특징이다. 아이가 글은 잘 쓰는 데 말은 잘하지 못하는가? 그렇다면 먼저 몇 가지 사항을 점검해봐야 한다.

'단 몇 줄로 읽는 사람에게 감동을 줄 수 있는가?'

'나는 내가 쓴 글처럼 살고 있는가?'

이 두 가지 사항에 모두 해당되지 않는다면, 글을 잘 쓰는 아이가 아니라, '자기주장이 강한 아이'라고 보면 된다. 자기주장이 강한 사람의 글은 사람의 마음에 감동을 주기 힘들다. 늘 자기 이야기만 옳다고 외치고 있기 때문이다. 그럼 당연히 말도 잘하기 힘들다. 자기 의견을 주장하는 목소리만 크고, 타인을 이해하고 안아주려는 마음은 아예 없기 때문이다. 그래서 더욱 '내가 실천한 것이 곧 나의 말과 글이 된다'라는 사실을 기억해야 한다. 글은 반드시 현실에서 나와야 한다. 무에서 유를 창조하는 것이 아니다. 물론 상상력을 기반으로 쓰는 글도 존재한다. 하지만 언제나 원칙이 중요하다. 현실에서 나온 글을 쓰는 데 익숙해지면, 나중에는 상상으로도 멋진 글을 쓸 수 있게 된다. 현실이 먼저고, 상상은 그 이후의 일이다. 아이들이 글을 제대로 쓰지 못하는 이유는 생각하지 못하기 때문이고, 그 생각을 삶에서 실천하지 않기 때문이다.

아이에게 글과 말은 하나이며, 그 중심에는 실천이 존재함을 알려주자. 실천이 곧 글과 말이 된다. 내가 하고 싶은 말을, 내가 쓰고 싶은 말을 삶에서 먼저 실천하라.

남의 말이 아닌, '자기 말'을 할 줄 안다는 것

아무리 책을 많이 읽어도, 자기 생각을 단 한 마디도 제대로 표현하지 못하는 아이가 있다. 그런 아이들의 공통점은 제대로 쓰지 못한다는 데 있다. 마찬가지로 어른처럼 수준 높은 표현을 해도, 전혀 지혜로워 보이지 않는 아이들이 있다. 그들의 특징은 '어디에서 듣거나 읽었던 문장'을 앵무새처럼 따라한다는 데 있다. 이 점을 생각하며 부모와 아이가 함께 아래 문장을 읽고 필사해보자.

현명하게 말하고 싶다면, 현명하게 살아라.
지혜로운 글을 쓰고 싶다면, 지혜롭게 살아라.
글과 말은 나의 하루를 보여주는 수단일 뿐이다.
내가 하고 싶은 말과 쓰고 싶은 글을
삶에서 먼저 증명하라.

매력적인 글을 쓰는 아이로 키우는 필사법

세상은 늘 같은 색을 원한다. 사과는 빨간색으로, 토끼는 하얀색으로 그려야 한다. 그게 정답이라고 말한다. 하지만 매력적인 글을 쓰기 위해서는 세상이 내린 결론으로부터 자유를 얻어야 한다. 세상과 같은 소리를 내는 사람에게 우리는 매력적이라고 말하지 않는다. 매력적인 글을 쓰기 위한 최고의 방법은 바로 '혼자 있는 시간을 견디는 것'이다. 우리는 누구나 앉아서 내면을 바라보며 생각하는 시간을 가져야 한다.

아이에게 마음을 비울 수 있는 음악을 선곡해서 감상하게 하면 좋다. 부모가 착각하는 것이 있는데, 아이가 클래식이나 재즈 등 수준이 높다고 생각하는 음악을 즐기지 못할 거라는 생각이다. 아이들에게도

'음악을 듣는 귀'가 있다. 듣기 좋은 음악과 안 좋은 음악을 충분히 구분할 수 있다.

아이는 혼자 있는 시간을 즐기며 '딴 생각'을 하게 될 것이다. 내가 말하는 딴 생각은 이를테면 '자기 색'을 갖게 된다는 것이다. 나는 학창 시절에 국어를 가장 못했다. 도무지 무슨 말인지 알 수 없었고, 언제나 내가 생각한 답은 세상이 정한 답과 거리가 멀었다. 둘 중에 하나라고 생각하고 찍으면 늘 틀렸고, 놀랍게도 둘 다 답이 아닌 경우도 꽤 많았다. 하지만 지금 나는 내가 가장 못했던 것을 사랑하는 사람이 되었고, 글로 세상을 바라보고 관찰하며 살고 있다. 게다가 지금까지 수십 권의 책을 냈고, 각종 SNS에서 내 글을 구독하는 분들의 수는 20만 명을 넘은 상태다. 내 글을 읽는 구독자들은 "작가님 글은 달라요"라고 입을 모아 말한다. 이건 내 자랑이 결코 아니다. 그저 내가 다른 글을 쓰고 있다는 것을 말하고 싶을 뿐이다.

수많은 사람과 화려한 조명 아래 존재하며 실컷 웃으며 친분을 나눈 후, 혼자 걸어 집에 돌아와 내 방에 앉아 있을 때의 그 모습, 그게 바로 진짜 내 모습이다. 휴대폰을 꺼내 누군가를 찾지 말고, 의자에 앉아 혼자 어쩔 줄 모르는 연약한 나의 내면을 들여다보자. 세상 사람의 사랑을 받는 것보다 나 자신에게 받는 사랑이 중요하고, 세상 사람에게 인정받는 것보다 내가 나를 인정하는 것이 중요함을 아이에게 알려주자.

이 부분에서 숨기고 싶은 내 과거를 하나 밝히려고 한다. 반드시 꼭 알고 있어야 하는 부분이라서 그렇다. 지금까지 총 90권이 넘는 책을 내며 학원에서 아이들의 국어와 논술을 가르치는 선생도 했던 내가 학창 시절에 가장 못했던 과목은 사실 국어였다. 이유가 뭘까? 정답을 맞춰야 점수를 높일 수 있는데, 당시 내 생각은 조금 달랐다. 그때 내 생각을 글로 표현하면 이렇다. '세상은 문법과 맞춤법이라는 이론으로 나를 묶으려고 했지만, 나는 언제나 내 생각을 자유롭게 풀어주었다.' 답을 맞추지 말라는 말이 아니다. 매력적인 글을 쓰기 위해서는, 아무도 쓸 수 없는 나만의 글을 창조할 수 있어야 한다.

문법은 잊고, 일단 쓰게 하라. 문법은 누군가 세상을 제어하기 위해 만든 틀이다. 물론 그걸 아는 것도 중요하지만, 너무 심각하게 그 안에 갇혀 있으면 곤란하다. 지금 중요한 건, 누군가 만든 틀이 아이의 가능성을 막도록 내버려두면 안 된다는 사실이다.

내 아이가 생각한 그것을 그대로 쓰게 하라. 자기 색깔을 당당하게 주장할 수 있어야 한다. 자기만의 색깔과 개성을 가진 아이는 세상의 예상에서 언제나 빗나간다. 토끼를 파란색으로, 구름을 노란색으로 그리기 때문이다. 그것을 삶에서 실천하는 아이들은 전개와 끝을 예상할 수 없는 매력적인 글을 쓰는 사람으로 성장할 것이다.

자유롭게 자신의 생각을 표현하는 방법

1. 아이만의 공간을 만들어줘야 한다

괴테가 어릴 때부터 선택한 공간은 보리수 나무였다. 괴테가 쓴 소설 《젊은 베르테르의 슬픔》을 보면, 주인공 베르테르는 자신이 죽으면 보리수 나무 밑에 묻어달라고 유언을 남긴다. 죽을 것처럼 아픈 고통으로 소설을 썼지만, 그는 자신의 분신인 베르테르를 보리수 나무 아래 묻으며 자기 슬픔을 치유했다. 실제로 그는 소설을 탈고한 후 슬픔이 치유되는 기분을 느꼈다고 고백했다. 슬플 때나 괴로울 때 괴테는 성문 앞 보리수를 찾아갔다.

누구에게나 편안하게 고독할 수 있는 장소가 있어야 한다. 그건 아이도 부모도 마찬가지다. 이왕이면 그 장소는 자연 속에 있는 게 좋다. 언제나 최고의 스승은 자연이다. 수많은 사람이 자연에서 깨달음을 얻었고, 동시에 아픈 마음을 치유했다. 깨달음은 치유와 하나다. 마음을 치유하지 못하면 어떤 깨달음도 받아들일 수 없기 때문이다.

2. 자유롭게 표현하게 해야 한다

베토벤은 최고의 작곡가이자 피아니스트 그리고 교육자였던 체르니에게, 초보 연주가를 매력적인 연주가로 키울 수 있는 방법에 대해 이렇게 조언했다.

“어느 정도 이론적인 지식을 갖췄다고 생각되면, 그냥 자유롭게 연주하도록 내버려두게. 중간에 틀려도 괜찮아. 이론보다 일단 자기 방식으로 연주하는 게 중요하니까.”

그는 쓸데없이 복잡한 이론이 재능 있는 수많은 아이의 가능성을 망치고 있다는 사실을 알고 있었다. 물론 이론적인 지식은 알고 있어야 하지만, 매력적인 연주를 하는 데는 아무런 도움을 주지 못한다.

위의 이야기를 생각하며 아이와 필사를 시작하자. 지금은 평범한 글을 쓰는 아이도 시간이 지나면 매력적인 글을 쓰는 아이로 성장하게 될 것이다.

나는 내가 생각한 것을 그대로 쓸 수 있습니다.
조금 틀려도 괜찮아요.
남의 시선도 의식하지 않습니다.
그건 아주 작은 문제일 뿐이니까요.
중요한 것은 다른 사람을 의식하지 않고,
내가 생각한 내용을 종이에 쓰는 겁니다.

두려움을 느낄 이유도 없습니다.
글을 쓴다는 것은

마음을 쓰는 일이라서

평가의 영역이 아니기 때문이죠.

쓰는 사람은 언제나 자유롭습니다.

글을 쓰는 동안 세상 어디든

마음대로 날아갈 수 있으니까요.

나는 내가 쓴 글을 믿고

앞으로 쓸 글을 기대합니다.

1 아이들은 겸손할 만큼 대단한 능력을 갖추지 않았다. 초보자가 떠는 겸손은 오히려 자만이다. 오히려 "내가 이걸 얼마나 잘하는지 아세요?"라고 말하며 본인의 장점을 자랑스럽게 말할 수 있어야 한다. 그래야 자기 생각에 자신감을 느끼게 된다. 아이의 사소한 장점까지도 잘 관찰해서 아이가 그것을 스스로 자랑스럽게 생각하게 하라. 이런 모든 과정은 자기 생각에 대한 자부심으로 이어진다.

2 아이의 행복의 시작과 끝에 '부모의 말'이 있다. 아이의 삶은 부모의 말에 영향을 받는다. 부모의 말 한마디가 아이에게는 하나의 생명일 수 있다. 그래서 아이는 두 번 태어난다. 부모의 사랑으로 세상에 태어나고, 부모의 말로 다시 한 번 태어나 완벽해진다. 늘 자신에게 질문하라. "나는 오늘 어떤 생명을 아이와 나눴는가?"

3 진정한 어른이란 무엇일까? 소리치지 않고 아이의 때를 차분하게 기다려주는 마음, 믿을 수 없는 상황에서도 아이의 가능성을 믿는 마음, 아이가 짊어진 짐의 무게를 가늠해주는 마음, 이 모든 마음을 가진 사람이 아이의 삶을 나아지게 할 어른의 풍모다. 급한 성격 하나만 바꿔도 인생은 좋은 방향으로 흐른다. 현실은 물론 힘들고 괴롭지만 최대한 부모가 차분한 상태를 유지하는 게 좋다. 결국 아이는 그런 부모의 모습을 보며 삶을 배운다.

4 때때로 사람들은 공감을 원하는 상대방을 평가하고 자기 마음대로 순위를 매기려고 한다. 그런 말버릇은 관계를 망치고 평판까지 훼손하기 때문에 당장 버리는 게 좋다. 아이들에게 필요한 건, '평가의 언어'가 아닌 '공감의 언어'이다. 자신의 삶을 원하는 대로 끌고 나가는 아이로 키우고 싶다면, 몸과 마음을 안아줄 수 있는 공감의 언어를 말버릇처럼 자주 사용하게 하는 게 좋다.

5 쓰는 능력과 말하는 능력은 사실 하나로 통한다. 제대로 쓰는 아이는 제대로 말할 수 있다. 말하기 수업을 아무리 많이 받아도, 글쓰기 능력이 없는 아이는 자기 생각을 조리 있게 말하기 힘들다. '글로 쓸 자기 생각'이 없기 때문이다. 말하기 역시 기본적으로 '할 말'이 있어야 잘한다.

6 매력적인 글을 쓰기 위해서는, 아무도 쓸 수 없는 나만의 글을 창조할 수 있어야 한다. 문법은 잊고, 일단 쓰게 하라. 문법은 누군가 세상을 제어하기 위해 만든 틀이다. 물론 문법을 아는 것도 중요하지만, 너무 심각하게 그 안에 갇혀 있으면 곤란하다. 지금 중요한 건, 누군가 만든 틀이 아이의 가능성을 막도록 내버려두면 안 된다는 사실이다.

7 부모들은 보통 아이의 언어를 단련시키기 위해서 쉬운 책을 읽혀야 한다고 생각한다. 하지만 의식 수준을 높이기 위해서는 조금 다른 방법을 선택해야 한다. 책 한 권을 끝까지 읽는 것보다 수준 자체를 높이는 것이 더 중요하기 때문이다. 그렇다고 극단적으로 수준을 끌어올릴 필요는 없다. 2학년이라면 3학년이 읽는 책을, 5학년이라면 6학년이 읽는 책을 골라주자. 대충 읽으면 이해할 수 없는 부분이 있어야 아이가 생각을 시작하게 된다.

4부

자기 주도적으로
선택하고 도전한다

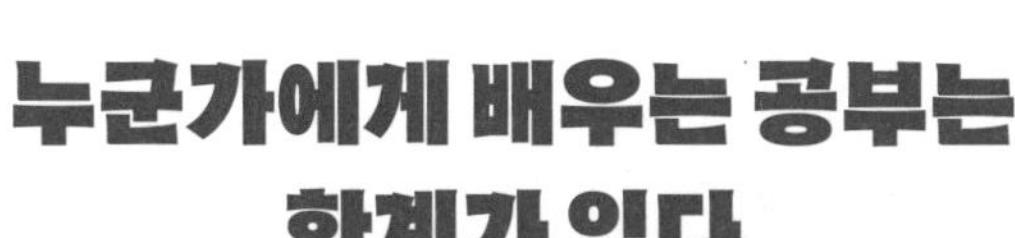

누군가에게 배우는 공부는 한계가 있다

우리는 '공부'를 잘하기 위해 '공부를 위한 공부법'을 또 배우고 있다. 교육의 슬픈 현실이다. 그런데 왜 아무리 배워도 공부가 늘지 않는 걸까? 공부법을 배우는 모습을 보면, 왜 공부를 못하는지 저절로 알게 된다. 공부하기에 앞서 스스로 생각하는 방법을 배워야 한다. 누군가에게 배우는 방식으로 진행하는 공부로는 이제 더 이상 살아남을 수 없기 때문이다. 우리는 '가르칠 수 없는 것'을 배워야 한다.

미국에서 활약하는 추신수 선수는 한국을 대표하는 위대한 야구 선수다. 하지만 처음부터 좋은 성적을 냈던 것은 아니다. 처음엔 방황했고 적은 돈을 받으며 고생해야 했다. 당시 그는 너무나 힘든 상황에서 고생하며 아이들을 키우고 자신을 뒷바라지하는 아내에게 이렇게 말했다.

"조금만 참자, 이제 다 왔다. 당신도 고생한 거 보상 받아야지."

그녀는 웃으며 이렇게 답했다.

"뭐, 보상받으려고 고생하나."

아내의 말은 그에게 정말 큰 힘이 됐다. 무엇도 바라지 않고 그저 사랑만 주는 아내의 마음을 절실히 느꼈으니까. 사실 그 한마디를 발음하는 것은 어려운 일이 아니다. 어려운 것은 '그 한마디를 생각해 내는 것'이다. 생각할 수 없는 사람은 필요할 때 그 말을 적절하게 활용할 수가 없다. 아무리 뜨거운 마음을 갖고 있어도 그걸 제때 표현할 수 없다면 아무것도 아닌 게 될 수도 있다.

이 시대의 화두는 '스스로 생각하는 법'을 배우는 데 있다. 같은 것을 봐도 전혀 다른 것을 발견할 줄 아는 사람을 나는 세상에 영향력을 행사할 수 있는 '인플루언서influencer'라고 부른다.

'출발선은 같지 않다'라는 불공평을 말할 때 단골로 사용하는 그림이 하나 있다. 간단하게 그림을 설명하면 이렇다. 풍족한 환경에서 사는 것처럼 보이는 한 아이는 부모가 운전하는 멋진 차의 보닛에 앉아 출발을 기다리고 있고, 다른 한 아이는 부모가 탄 낡은 수레를 끌고 가기 위해 출발선에 서 있다.

우리는 이 그림을 떠올리며, 해석할 수 있는 모든 부분을 발견해야 한다. 일단 누구나 직관적으로 알 수 있는 부분은 '자동차를 타고 가는 가족은 훨씬 편안하고 빠르게 목적지에 도착할 수 있다'라는 사실이다. 하지만 다양한 관점에서 바라보는 사람은 이런 생각을 발견해 낸다.

‘자동차 보닛에 올라가 있는 아이는 조심하지 않으면 떨어져 다치거나 생명을 잃을 수 있다. 부는 달콤하지만 그 사람의 삶을 망칠 수도 있다.’

‘빠르게 달리는 자동차 보닛에 있는 아이는 속도 때문에 자동차 안에 탄 부모와 소통을 할 수 없다. 너무 속도만 강조하는 삶을 살면 가족이 서로 대화할 시간을 갖지 못한다.’

‘빠른 속도로 목적지에 도착하지만, 아이에게는 출발과 도착의 기억밖에 남지 않을 것이다. 부모가 주도하는 너무 빠른 속도의 교육은 아이를 과정의 소중함을 모르는 사람으로 성장하게 한다.’

자신의 힘으로 부모의 무게를 감당하며 수레를 끌어야 하는 아이의 삶은 그 반대다.

‘넘어져 다칠 수는 있겠지만, 자신의 힘으로만 수레를 끌기 때문에 크게 다치지는 않는다. 게다가 모든 경험이 자산으로 쌓여 근사한 삶의 근육을 가지게 된다. 아이는 자신이 주도하는 순리에 어긋나지 않는 삶을 사는 것이 가장 멋진 삶이라는 사실을 알게 된다.’

‘느린 속도로 이동하기 때문에 수레에 타고 있는 부모와 언제든 대화가 가능하다. 부모의 조언도 들을 수 있고, 격려도 받을 수 있다. 비록 몸은 힘들고 편안하지는 않지만, 가족과 함께 한다는 기쁨을 알게 된다.’

‘부모를 태우고 한 발자국씩 자신의 힘으로 걸어 이동하기 때문에 모든 과정을 몸으로 습득할 수 있다. 자기 주도가 무엇인지 알게 되면서 아이는 저절로 책임감이라는 귀한 무기를 장착할 수 있게 된다. 너무 빠르게 이동할 때는 알 수 없는 삶의 소중한 교훈을 깨닫게 된다.'

이 이야기에서 무엇보다 중요한 것은 자동차는 부모가 운전하지만 수레는 아이가 직접 움직인다는 사실이다. 전자의 아이는 부모가 없으면 아무것도 아닌 존재이지만, 후자의 아이는 홀로 있어도 빛나는 삶을 살 수 있다.

나는 지금 누구의 편을 들자는 게 아니다. 세상에는 자동차를 운전하는 아이도, 수레를 끄는 아이도 존재한다. 하지만 그들의 입장이 대를 이어 지속되는 것은 아니다. 수레를 끌던 가족도 세대가 바뀌면서 자동차를 몰기도 하고, 자동차를 몰던 가족도 수레를 끄는 처지에 놓이기도 한다. 문제는 자신의 상황을 가장 희망적인 관점에서 바라보는 일이다. 부정적인 부분만 바라보는 사람은 어떤 상황에서도 자신의 삶에 만족하지 못하게 된다. 일단 희망해야 희망적인 내일을 기대할 수 있다.

그래서 스스로 생각하는 사람이 되는 것이 중요하다. 희망은 저절로 얻어지는 것이 아니라, 다양한 관점으로 상황을 분석하고 희망을 발견할 수 있는 사람에게만 주어지는 일종의 특권이기 때문이다. 스스로 생각하는 아이가 내일의 희망을 꿈꿀 수 있다.

스스로 배우는 아이를 만드는 다섯 가지 문장

'자립'이란 결국 기계의 삶에서 벗어나 자기 생각으로 사는 삶을 산다는 증거다. 예를 들어 아이에게 시를 가르치고 암기하게 하는 것은 누구나 할 수 있는 기계적인 교육이다. 누구나 할 수 있는 것을 배우면, 우리 아이들의 일상은 암울해진다. 그 누구도 할 수 없는 것을 아는 사람만이 아무도 발견하지 못한 자리에 우뚝 설 수 있다.

시작은 교육이다. 시를 가르치고 암기하게 하는 게 아니라 시를 즐기고 느끼게 해야 한다. 타인의 도움으로 당장 만점을 받는 것보다, 자신의 힘으로 50점을 받는 것이 아이를 위해 더 좋다. 그것은 자신의 힘으로 얻은 점수이기 때문이다. 100편의 시를 암기하게 하는 것보다 한 편의 시를 느끼고 이해하게 하라. 설령 아이의 국어 점수가 0점에 가까워진다고 해도 말이다. 나만 걸을 수 있는 길의 발견은 언제나 그렇게 낮은 곳에서 시작하는 법이니까. 모든 것을 완전히 바꾸기 위해서는 너무 늦기 전에 근본부터 변화를 시작해야 한다.

빠르게 움직이지는 않지만 결코 고통 앞에서도 멈추지 않고, 주어진 일에 최선을 다하면서 동시에 원하는 꿈을 이루기 위한 배움에도 적극적인 아이는 스스로 생각하며 모든 자신의 삶을 완벽한 형태로 만들어나간다. 그런 아이들에게는 몇 가지 특징이 있다. 그건 삶을 대하는 태도일 수도, 일상에서 자주 나타나는 습관일 수도 있다.

나는 아이와 부모 모두에게 다섯 가지 문장을 전하고 싶다. 아이와 부모가 함께 소리 내어 읽은 다음, 필사를 해보자. 아이가 필사한 글을 자주 볼 수 있게 냉장고나 문에 붙여 놓는 것도 좋다. 자꾸 반복해서 읽으면 습관이 되고 자신의 것이 된다.

1. 모든 것은 현재가 결정한다.
2. 인생에는 때가 있다.
3. 운명은 없다.
4. 태도는 제2의 입이다.
5. 고귀한 정신을 유지하라.

적극적으로 삶을 이끄는 부모의 다섯 가지 공통점

1. 모든 것은 현재가 결정한다

세상을 바꿀 모든 창조물은 결국 현실에서 시작한다. 현실에서 시작하지 않은 모든 것은 현실에서 쓰일 수 없다. 과거를 그리워하고 미래만 추구하는 삶에서 벗어나, 지금 이 순간 가진 힘을 아는 사람이 되어야 한다. 잠재력은 미래가 아닌 지금 현재 내 삶에 존재하는 것이기 때문이다. 인생은 결국 우연에 지배를 받게 된다. 인간은 그걸 제어할 수 없다. 결국 우리는 스스로 진실이라고 믿는 것을 지금 일상에서 실천하는 수밖에 없다. 그것이 우연에 의지하지 않고 살 수 있는 가장 현명한 방법이다.

2. 인생에는 때가 있다

자연에 계절이 있는 것처럼 인생에도 계절이 있다. 그것은 바로 '나이'다. 10대에는 10대에 반드시 해야 할 일이 있고, 20대에도 그때 해야 할 일이 있다. 그러므로 10대에 해야 할 일을 20대로 미루면 안 된다. 동시에 어제 저지른 잘못에 너무 심각하게 신경을 쓸 필요도 없다. 오늘 또 저지를 실수가 있기 때문이다. 어제에 얽매이지 말고 오늘을 맞이하라. 인생에는 때가 있다. 때에 맞는 모든 실수와 성공은 우리를 성장하게 한다.

3. 운명은 없다

스스로 성취한 것과 우연히 얻은 성취를 완벽하게 구분해야 한다. 운이 좋아서 이룬 성과를 마치 자신의 노력으로 얻은 것처럼 떠벌리고 다니는 것은 오히려 자신을 망치는 일이다. 희망과 욕심을 구분하고, 성취와 운을 구분하라. 운명을 거스를 순 없지만, 후회하지 않는 인생은 우리의 선택으로 만들어나갈 수 있다. 아래 문장은 부모가 읽고 필사하길 바란다.

> 인간의 한계를 정확히 가르쳐주는 부모는 현명한 부모다.
> 하지만 그럼에도 불구하고 인간은 도전해야 한다는 사실을 가르쳐주는 부모는 위대하다.

도전은 말이 아닌 부모의 삶에서만 가르쳐줄 수 있기 때문이다. 위대한 삶을 사는 부모는 아이의 꿈을 위대하게 한다.

4. 태도는 제2의 입이다

간혹 첫 만남에서 부정적인 느낌을 남긴 사람을 두고, "알고 보면 좋은 사람이야"라고 말하며 그가 남긴 부정적인 이미지에 대해 변호하게 된다. 그런데 '사실 알고 보면 좋은 사람'이라는 말은 공허하다. 보자마자 좋은 사람으로 느껴지지 않는 사람을 굳이 좋은 부분을 알 때까지 참아가며 만나는 사람은 흔하지 않기 때문이다. 문제는 태도다. 상대를 대하는 태도가 결국 나라는 이미지를 결정하기 때문이다. 늘 내 앞에 서 있는 사람의 처지에서 생각하는 게 좋다. 상대를 생각하는 마음이 상대를 대하는 나의 태도로 표출되기 때문이다. 때로는 입에서 나오는 말보다 태도에서 느껴지는 그 사람의 풍모가 사람의 인상을 좌우한다. 태도는 습관이 아님을 기억하자. 상대를 대하는 마음이 나의 태도를 결정한다.

5. 고귀한 정신을 유지하라

우리는 자립하는 사람을 두 가지 분류로 나눌 수 있다. 하나는 존경받는 사람이고, 다른 하나는 비난 받는 사람이다. 전자의 자립을 원한다면 아이에게 고귀한 정신에 대해 제대로 알려줘야 한다. 지식은 세상에 널려 있지만 고귀한 정신은 귀하다. 그것은 아무나 소유할 수 있는 게 아니기 때문이다. 지식은 그것을 가진 사람을 잘못된 길로 유혹할 수도 있지만, 고귀한 정신은 언제나 가장 근사한 길로 우리를 인도한다. 눈을 감아도 귀를 막아도 그는 누구보다 빛나는 길을 알아서 걷는다. 고귀한 정신은 그리 특별한 것이 아니다. 쉽게 흔들리지 않고 올바른 자세를 유지하거나, 품위 있는 언어를 구사할 때, 우리의 정신은 고귀해진다. 지식이 범람할수록 고귀한 정신은 더 귀해진다. 고귀한 정신은 오늘보다 내일, 내일보다 훗날 더 아이의 삶을 지킬 튼튼한 힘이 되어줄 것이다.

지금까지 살펴본 것처럼 누군가를 가르치는 자는 위대하다. 사랑하는 마음이 없다면 결코 시작할 수 없는 행동이기 때문이다. 그래서 나는 언제나 "'사랑을 아는 사람'에게만 무언가를 배울 수 있다"고 말한다. 그런 의미로 부모는 항상 사랑을 품고 있어야 한다. 아이를 사랑하는 부모만이 아이를 가르칠 수 있다.

아이의 미래와 행복에 대해 고민하고 있다면, 앞서 소개한 다섯 가지 문장과 설명들을 삶에서 실천하길 바란다. 아이에게는 부모의 삶과 사랑이 곧 답이다.

사랑받고 잘 자란 아이는 멈추지 않고 성장한다

이 학원 저 학원 바쁘게 다니면서 수많은 지식을 쌓는 아이들을 보면 자연스럽게 이런 걱정이 든다.

"우리 아이 이대로 괜찮을까?"

"내 교육 철학이 맞는 걸까?"

"아이가 이런 일정을 견딜 수 있을까?"

하지만 그때 이런 생각을 한다면, 흔들리지 않고 원칙을 지킬 수 있다. 지식만 쌓는 건 그리 중요하지 않다. 모두가 '사랑'이라는 글자를 단순히 알고 있다고 해서, 사랑이 무엇인지 아는 건 아니기 때문이다. 만약 아이가 당신의 사랑을 충분히 받고 자란다면 사랑이라는 글자는 알지 못해도 사랑의 의미는 잘 알게 된다.

물론 영어로 중국어로 불어로 사랑을 유창하게 발음하는 것도 중요한 교육적 결과다. 하지만 분명한 원칙을 갖고 있다면, 세상이 유혹하고 주입하는 빠른 교육에 흔들리지 마라. 속도보다 중요한 건 방향이다. 당신이 잡은 방향이 옳다고 생각한다면 어떤 유혹이 당신을 흔들어도 그 가치를 절대로 놓지 마라. 사랑을 발음할 수 있는 사람은 세상에 수도 없이 많지만, 사랑이 무엇인지 설명할 수 있는 건 사랑받고 자란 아이에게만 가능한 일이다. 당신이 아이에게 준 게 사랑이라면 아무것도 걱정할 필요는 없다. 그 사랑이 앞으로 살아갈 아이에게 어떤 지식보다 강한 힘을 줄 것이다. 그러니 이제는 아무것도 준 게 없다고 자신을 너무 아프게 하지 마라. 당신은 이미 가진 모든 것을 줬으니까. 아래 글을 아이에게 필사하게 하면서 부모의 마음이 어떤지 알려줄 수 있다면, 아이도 자신이 얼마나 많은 사랑을 받으며 자라고 있는지 다시 깨닫게 될 것이다.

"저는 참 오랫동안 부모님께
정말 많은 사랑을 받았어요.
저는 빠르게 크고 있지는 않지만
결코 느린 건 아니죠.
사랑하는 마음에는 속도가
따로 존재하지 않으니까요."

사랑을 결정하는 건, 속도가 아닌 온도다. 육아는 결국 원칙을 세우고 사랑으로 그걸 지켜내는 것이다. 누가 당신을 유혹해도 이제는 흔들리지 마라. 더 많이 사랑하는 것 외에 다른 방법은 존재하지 않는다. 진정한 사랑은 언제나 아이의 모든 재능을 세상 바깥으로 불러낸다. 아이를 사랑하는 나날을 의심하지 말고 굳게 믿자. 당신을 바라보는 아이의 두 눈에 오늘도 고스란히 쌓이고 있으니까. 사랑한 시간은 사라지지 않고 사랑했던 두 사람을 오래오래 빛낸다.

세계 최고 부자들의 네 가지 선택 습관

마트에서 카트를 밀고 다니다 보면 괜히 이것저것 담게 된다. 할인해서 담고, 필요할 것 같아서 담고, 아이가 원해서 담지만, 계산대 앞에서 보면 당장 필요한 것들은 별로 없다. 온라인으로 쇼핑할 때도 마찬가지다. 결국 지출은 예상을 초과한다. 마트에서의 이런 행동이 위험한 이유는 바로 옆에서 아이가 그 모습을 지켜보고 있기 때문이다. 아이는 부모의 생활을 그대로 보고 배울 것이다. 매번 반복되는 문제에서 벗어나고 싶다면, 반드시 이것을 기억해야 한다.

내 삶에 필요 없는 것이 침입하는 순간
우리는 삶의 균형을 잃는다.

다시 이번에는 균형을 잃지 않고 시작한 일을 멋지게 해내려면 늘 이 문장을 기억해야 한다.

"위대한 것의 시작은 언제나 초라하다."

아이들은 아직 인생 경험이 부족하기 때문에 작은 일이 커지는 상황을 겪어본 적이 없어서 사소한 것이 가진 힘을 잘 모른다. 이 가치를 아이에게 전파하기 위해서는 부모 안에 여전히 남아 있는, 사소한 것을 무시하고 쉽게 지나치려는 태도를 바꿔야 한다. 나는 한 가지 묻고 싶다.

"세계 최고 부자들의 시작은 어땠을까?"

구글의 창업자 래리 페이지는 1998년 9월, 캘리포니아의 친구 집 창고를 빌려서 회사를 세웠다. 시간을 거슬러 올라가 1938년, 같은 지역에서 데이비드 패커드와 윌리엄 휴렛이 허름한 창고에서 세계 벤처기업 1호인 휴렛팩커드를 세웠고, 이곳은 실리콘 밸리의 발상지가 됐다. 온라인 서점 아마존도, 스티브 잡스의 애플도 창고에서 시작했다. 하버드 대학교를 중퇴하고 친구와 작은 창고에서 마이크로소프트를 창업한 빌 게이츠 역시 마찬가지다. 위대한 창조자와 기업가들이 가장 초라하다고 생각되는 창고에서 꿈을 펼쳤다. 모든 위대한 것의 시작은 언제나 초라하다.

위대한 결과를 내고 싶다면, 대체 어떤 마음가짐이 필요한 걸까? 당시 창고에서 마이크로소프트를 시작하며 빌 게이츠가 내건 슬로건이 모든 것을 말해준다.

“곧 모든 가정과 책상 위에 컴퓨터가 존재할 것이다!”

최고의 창조자와 부자들은 언제나 가장 현명한 선택을 했다. 하지만 그보다 중요한 것은 선택에 대한 믿음이다. 빌 게이츠가 그랬던 것처럼 강력한 확신을 가져야 한다. 결과를 실제로 확인하기 전에 그것을 강력하게 확신해야 한다.

아이들은 의지가 약하다. 현명한 선택을 하더라도 흔들리거나 포기할 수 있다. 그때 부모가 곁에서 강한 모습을 보여줘야 한다. 모든 위대한 길은 가장 초라한 곳에서 시작하지만, 끝은 결코 초라하지 않다는 확신을 아이에게 자주 들려주고 실제로 경험하게 하라.

나에게 꼭 필요한 물건인가?

쇼핑할 때 내가 담은 리스트를 다시 천천히 살펴보라. 그리고 이렇게 질문하라.

'지금 내게 필요한 것들인가?'

앞서 언급했지만 부모가 과다한 지출을 하고 있다면, 아이들도 부모처럼 굳이 살 필요가 없는 것을 사는 습관을 지니고 있을 가능성이 높다. 지금, 아이의 책상을 보자. 책상에 가득한 온갖 잡동사니가 그것을 증명할 것이다. 과도한 지출을 줄이며 100%의 삶을 사는 사람들은 무언가를 살 때, 다음 기준을 적용한다.

아래 네 가지 원칙을 아이가 필사하게 하라. 참고로 아이가 필사하며 과거 자신의 소비 습관을 생각할 수 있도록 읽으며 필사하게 하는 게 좋다. 그래야 조금 더 생생하게 글을 느낄 수 있다.

1. 나에게 꼭 필요한 것인가?
2. 나에게 있으면 좋은 것인가?
3. 나에게 없어도 문제없는 것인가?
4. 나에게 없어야 할 것인가?

가장 현명한 소비는 1번에 근거한 선택이다. 1번을 기준으로 선택하면 언제나 지금 당장 꼭 필요한 것만 살 수 있다. 무언가를 사서 그것을 완벽하게 즐기는 사람들은 언제나 1번을 선택한다.

그들에게 배운 삶의 원칙을 그대로 실천하는 나 역시 마찬가지다. 3만 원짜리 전자제품도 10년 동안 거의 매주 그것을 100% 활용하고, 다른 곳에 응용해서 사용하기도 한다. 내가 알뜰하거나 창의적이기 때문이 아니라, 1번의 기준으로 선택했기 때문이다. 필요한 것만 구매하고 사용하면, 뜻하지 않게 창의력도 기를 수 있다. 나에게 절실한 물건이기 때문이다. 액수보다 중요한 건 그 물건이 나에게 존재할 때 느껴지는 가치다. 물건의 가치는 세상이 정하는 게 아니라 내 삶이 정한다.

삶도 그렇다. 누군가에게 화가 날 때도 있고, 목표한 것을 이루지 못해서 아플 때도 있다. 하지만 아이는 필사를 통해 분노와 고통, 절망감을 받아들이지 않게 될 것이다. 이것들은 위에 제시한 '없어야 할 것'이기 때문이다. 아이는 필요 없는 것을 구매하지 않으면서 감정까지 제어할 수 있게 된다. 물론 처음부터 나에게 필요한 감정만 담을 수는 없을 것이다. 그래서 일상에서 하나하나 연습해야 한다. 사소한 물건 하나를 고를 때도 진지하게 사색하도록 하라.

어떤 상황에서도 포기하지 않고 길을 찾아내는 아이

먼저, 놀라운 영감을 줄 시 한 편을 소개한다. 당신이 한 아이의 부모라면, 아니 부모가 아니더라도 삶에서 무언가 고통 받고 있다면, 단순히 이 시를 읽는 것만으로도 큰 힘을 얻게 될 것이다.

> 내가 아직 아이일 때 병이 났는다면,
> 나는 자전거도 타고 롤러블레이드도 타고
> 들로 산으로 긴긴 여행을 떠날 거예요.
>
> 내가 고등학생이 되어 병이 났는다면,
> 나는 운전면허증을 따서 차를 몰고 다니고

졸업 파티에서 춤이란 춤은 다 출 거예요.

내가 어른이 되어 병이 낫는다면,
나는 세계를 돌아다니면서 평화를 노래하고
결혼해서 아이들을 낳을 거예요.

내가 할아버지가 되어 병이 낫는다면,
나는 낯선 나라를 찾아가 여러 가지 문화를 즐기고
내가 찍은 사진을 손자 손녀들에게 자랑삼아 보여줄 거예요.

내가 살아 있는 동안 병이 낫는다면,
나는 고통도, 내 몸에 주렁주렁 달렸던 기계도 없이 살아가면서
내가 누리는 이 삶이 고맙다고 말하고 또 말할래요.

내가 하늘나라에 묻힐 때 병이 낫는다 해도,
거기 있는 형과 누나와 함께 나는 기뻐할 거예요.
그 병을 고치는 방법을 알아내는 데 내 몸도 도움이 됐을 테니,
나는 여전히 행복할 거예요.

– 매티 스테파넥, 〈만약 내가 낫는다면〉

이 시를 쓴 주인공은 놀랍게도 어린아이다. 매티 스테파넥이라는

미국의 꼬마 시인인데, 안타깝게도 근육에 힘이 빠져 죽음에 이르는 근육성 이영양증을 앓다가 열세 살에 세상을 떠났다. 놀라운 사실은 이 소년이 태어날 때부터 휠체어와 인공호흡기를 달고 살았고, 매주 한 차례 신장 투석을 받아야 했지만, 끝까지 용기와 희망을 잃지 않았다는 사실이다. 게다가 생전에 5권의 시집을 세상에 남겼는데, 진심을 담은 그 시집은 모두 〈뉴욕 타임스〉에서 베스트셀러 1위를 차지했다. 그가 쓴 빛나는 문장 중 내가 가장 주목하는 문장은 바로 이것이다.

> "이 시집을 간절히 희망하고 원하는 분들, 특히 어린이와 그 가족에게 바칩니다. 비바람이 지나가고 나면, 다시 뛰어놀 수 있다는 사실을 잊지 마세요."

꼬마 시인은 열세 살에 세상을 떠나며 이런 말을 남겼다.

"저, 충분히 잘해 온 거죠?"

이 부분에서 나는 눈물을 흘리지 않을 수 없었다. 강한 내면과 동시에 멋진 마인드가 느껴졌다. 대체 무엇이 이 아이를 이토록 강한 내면을 가질 수 있게 한 걸까? 이에 대한 답은, 그가 열두 살 때 출연한 TV 프로그램 〈래리킹 쇼〉에서 한 말 속에 모두 담겨 있다.

"때때로 저는 물어요. 왜 하필 저인가요? 왜 저는 이렇게 힘든 삶을 살아야 하나요? 왜 병으로 죽어야 하나요? 그리고 다시 생각합니다. 왜 제가 아니어야 하죠?"

그는 어떤 변명도 하지 않고 죽음을 편안하게 받아들였다.

내 아이가 변명하지 않는 사람이 되기를 바란다면, 의미 없는 시간만 흘려보내기를 바라지 않는다면, 순간의 소중함을 느끼게 해야 한다. 핑계와 변명을 하지 않는 마인드가 중심에 잡혀 있는 아이는 절대 시간을 헛되이 보내지 않는다. 그들은 어떤 고통스러운 순간을 맞이하더라도, '왜 내게만 이런 일이 일어나지?'라는 생각을 하기보다는 '왜 고통이 나를 피해가야 하는가?'라는 생각으로 현실을 이겨낸다. 바로, 이 마음가짐에 모든 답이 존재한다.

나는 진짜 살아 있는 아이입니다

많은 아이가 자신이 해야 할 일을 하지 않고 포기하고 변명할 생각만 한다. 해야 할 이유는 없지만, 할 수 없었던 이유는 참 많다. 물론 어른도 마찬가지다. 하지만 꼬마 시인, 매티 스테파넥은 전혀 달랐다. 짧은 생을 살았지만 자신에게 주어진 시간을 100% 활용했고, 무엇이든 도전할 수 있고 이뤄낼 수 있다고 생각했다. 게다가 그는 몸보다 무거운 거대한 기계를 등에 지고 살아야 했다. 그렇지만 불평하거나 희망을 잃지 않았다. 그리고 희망을 담아 시를 썼다. 그의 시를 아이와 낭독하고 필사해보자.

아침이면
자리에서 일어납니다.
나는 살아 있습니다.
나는 숨을 쉽니다.
나는 진짜 살아 있는 아이입니다.
정말 놀랍습니다.

- 매티 스테파넥, 〈아, 놀라워라〉

부모가 힘을 내면, 아이도 힘을 낸다

고통을 달고 태어난 한 아이가 있다. 태어날 때 탯줄이 목을 감아 뇌에 산소가 공급되지 못했다고 한다. 결국 아이는 뇌성 마비와 경련성 전신 마비로 혼자 움직일 수도 말할 수도 없게 되었다. 생후 8개월, 결국 의사는 부모에게 이렇게 말한다.

"아이를 포기하세요. 식물인간이 될 겁니다."

하지만 아버지는 의사의 조언을 거부하고, 아들과 함께 그들만의 아름다운 삶을 시작한다. 시간이 흘러 아들은 컴퓨터 키보드로 '아버지' '어머니' 정도의 간단한 단어를 쓸 수 있게 되었다. 그러던 어느 날 처음으로 이렇게 자신의 감정을 표현했다.

"달리고 싶어요."

아들이 처음으로 쓴 짧은 문장에 아버지는 큰 감동을 받고, 바로 직장을 그만두었다. 그리고 아들이 탄 휠체어를 뒤에서 밀며 달리기 시작했다. 4년 뒤, 아들은 철인 3종 경기에 출전하고 싶다는 꿈을 가지게 된다. 하지만 아버지는 여섯 살 이후로는 자전거를 타본 적이 없었고, 수영도 할 줄 몰랐다. 사람들은 그들에게 말했다.

"절대 불가능해. 그건 미친 짓이야. 그 미친 짓이 오히려 아이를 더 힘들게 할 거야!"

사랑은 모든 불가능을 가능으로 만들었다. 아버지는 아들을 위해 수영과 자전거를 배운 후, 철인 3종 경기에 참가했다. 허리에 고무 밴드를 묶고 바다에서 3.9킬로미터를 수영하고, 자전거에 아들을 태우고 180.2킬로미터의 멀고 험한 용암 지대를 달렸다. 그리고 아들이 탄 휠체어를 밀며 42.195킬로미터의 마라톤을 완주했다.

물론 아들이 할 수 있는 일은 거의 없었다. 그는 아버지가 끌어주는 보트나 자전거에 누워 있을 뿐이었다. 하지만 그들은 함께였기에 포기하지 않을 수 있었다. 많은 사람이 아버지 혼자 달리면 세계 최고 수준의 기록이 나올 것이라고 말했다. 그러나 아버지는 이렇게 딱 잘라 말했다.

"저는 아들 없이는 달리지 않습니다."

달려본 사람은 안다. 너무 힘들어서 입고 있는 반팔 티셔츠마저도 던져 버리고 싶고, 맞바람이 너무 강해서 포기하고 싶을 때가 있다는 것을. 하지만 그의 아버지는 아들의 휠체어를 뒤에서 밀며 오르막길을 뛰어 올랐다. 허벅지가 터질 것 같은 고통을 느꼈지만, 아들을 사랑하는 마음에는 비할 수 없었다.

아버지가 아들을 초인적으로 사랑하자, 아들도 자신의 삶을 초인적으로 살기 시작했다. 1993년, 보스턴 대학교 특수교육 분야 컴퓨터 전공으로 학위를 받은 것이다. 아들은 컴퓨터 키보드를 통해 이렇게 말했다.

"아버지는 나의 꿈을 실현해주었다. 아버지는 내 날개 아래를 받쳐주는 바람이다."

모든 도전이 끝난 후, 아들은 말했다.

"아버지가 없었다면 할 수 없었어요."

그러자 아버지는 아들을 바라보며 이렇게 말했다.

"네가 없었다면 아버지는 시작도 하지 않았다."

어떤 부모들은 자신의 경제적 조건이나 집안 환경이 좋지 않아서 아이를 지원해줄 수가 없다고 말한다. 하지만 기억하라. 아이에게 능력을 주는 사람은 바로 부모다. 부모가 힘을 내면 아이도 힘을 낸다. '당신과 아이를 묶은 끈'만 있다면 무엇이든 할 수 있다. 어떤 시련에도 절대 끊어지지 않는, 세상에서 가장 질긴 끈 하나면 충분하다. 당신은 모든 것을 가진 사람이다. 그러나 이 부분에서 착각하지 말아야 할 지점이 있다. 지금 나는 완벽을 추구하라는 말을 하는 것이 아니다. 부모라는 이유로 완벽한 사람이 될 필요는 없다. 희망은 마른 부분이 아닌, 얇고 가냘프지만 살아 있는 솜털을 바라보며 시작한다. 솜털처럼 작은 생명을 살릴 수 있을 것이라는 '가능성'에 집중하자. 아이를 교육하는 일도 마찬가지다.

"아이가 있어 힘이 들지만, 아이가 있기에 견딜 수 있는 거니까"라고 많은 전문가가 말한다. 자녀교육을 제대로 하고 싶다면, 부모가 교육 원칙의 일관성을 유지해야 하고 어떤 일에도 분노하지 말아야 한다고 강조한다.

하지만 나는 그들과 생각이 조금 다르다. 부모라고 모든 것을 완벽하게 할 수는 없다. 부모도 실수할 수 있고, 너무 힘들어 울 수도 있고, 아픈 후회를 남길 수도 있다. 그래서 아이를 키우는 데는 세 가지 원칙이 필요하다.

첫 번째 원칙은 '자신을 너무 괴롭히지 말아야 한다는 것'이다. 세상에 아이를 키우는 일보다 소중한 일은 없다. 바꿔 말하면, 부모는 소중한 아이를 키우는 세상 누구보다 빛나는 일을 하는 사람이다. 가장 귀한 일을 하는 사람이기에, 가장 많은 보호를 받고 스스로 자신을 지켜줘야 한다.

두 번째 원칙, 분노를 참지 못하고 욱하는 것을 미안하고 창피하게 생각하지 마라. 아무리 성인군자라 해도 욱할 수밖에 없는 상황이 있다. 중요한 건 이성을 찾고 다시 길을 걷는 것이다. 돌이 없는 길은 없다. 넘어지는 것은 내가 어찌할 수 없는 일이다. 하지만 다시 일어나는 것은 내가 할 수 있는 일이다. 할 수 있는 것을 선택하고 다시 묵묵히 길을 걸어가면 된다.

세 번째 원칙, 아이와 오래 함께 있어주지 못하는 자신을 원망하지 말자. 더 좋은 환경을 제공하지 못하는 무능에 아파하지 말자. 당신은 지금 그대로 충분히 훌륭하다. '부모'라는 이유로 완벽한 사람이 될 필요는 없다. 단지, 내 아이를 사랑하는 마음 하나면 충분하다.

괜찮다. 괜찮다. 다 괜찮다. 아이를 생각하며 마음 아파하는 당신의 순결한 영혼이 어떤 육아법이나 훌륭한 환경보다 위대하다.

가능성은 세상이 아닌 내가 결정한다

물론 사는 일이 마음처럼 되지 않고, 아이를 키우는 것도 참 힘든 일이다. 하지만 지금 힘들어도 기운을 냈으면 좋겠다. 부모는 세상에 꿈을 전하는 소중한 사람이니까.

누구나 가능성이 보이지 않는 일은 하지 않으려고 한다. 그건 어른이나 아이나 마찬가지다. 하지만 세상을 바꾼 깜짝 놀랄 일은 언제나 불가능에서 시작한다.

집에서 화초를 기르는 사람은 아마 경험한 적이 있을 것이다. 장기 여행을 떠나거나, 깜빡 잊고 물을 주는 걸 잊어서 바싹 말라버린 화초와 마주할 때 말이다. 바싹 마른 화초에 물을 준 적이 있는가? 아이와 함께 마른 화초를 관찰하자. 바짝 마른 잎이지만, 줄기에는 아직 솜털이 남아 있다. 이것을 보고 아이는 죽은 것처럼 보이는 화초도 자세히 보면 여전히 작은 희망이 남아 있다는 사실을 깨닫게 될 것이다. 아이와 함께 아래 문장을 읽고 필사해보자.

세상에 포기해도 되는 일은 없다.
가능성은 세상이 아닌 내가 결정한다.
그걸 아는 한 모든 도전은 희망이다.

필사를 한 후, 이번에는 아이가 죽은 나무에 물을 주며 느낀 마음을 쓰고 이야기하게 하라. 필사의 교본은 때때로 자연에 존재한다. 자연에서 배운 것을 종이에 쓰고 부모와 대화를 나눈 아이는 자연의 위대함과 사랑을 동시에 느낄 것이다.

어떻게 하면 아이를 올바른 길로 이끌 수 있을까?

열아홉 살에 결혼해서 21년 동안 무려 19명의 자녀를 출산하고, 먼저 세상을 떠난 자녀 9명을 제외한 남은 10명의 자녀를 모두 훌륭하게 키운 어머니가 있다. 이 이야기의 주인공은 '18세기 영국을 구한 종교개혁자'로 불리는 존 웨슬리의 어머니, 수산나 웨슬리이다. 더욱 놀라운 사실은 그녀가 모든 아이들을 집에서 직접 가르쳤다는 사실이다. 그녀는 10명의 아이 각각에 맞는 눈높이 교육을 했다. 아이 하나도 제대로 키우는 것이 어려운 요즘, 그의 이야기는 희망을 준다.

그녀에게도 고민은 있었다. 아무리 눈높이 교육을 해도 아이들이 자기 생각처럼 따라와 주는 건 아니었다. 자녀 중 고집불통인 딸이 있었는데, 못된 친구들과 계속 어울려 지내며 행실에도 문제가 생겼다.

'어떻게 하면 아이를 올바른 길로 인도할 수 있을까?'

수많은 날을 고민하던 그녀는 마침내 답을 찾았다. 그녀는 검정 숯을 한 다발 가져와, 딸 앞에 내려놓으며 이렇게 말했다.

"딸아, 이 숯을 한번 안아보렴. 뜨겁지 않단다."

그러자 딸이 기겁하며 말했다.

"뜨겁지는 않지만, 손과 몸이 더러워지잖아요."

그때 수산나가 딸을 꼭 껴안으며 말했다. 아이를 뜨겁게 사랑하는 그녀의 눈에는 눈물이 흘렀다. 그녀가 말한 다음 부분을 아이가 읽고 필사하게 하면 올바른 행실과 태도를 가지는 데 도움이 될 것이다.

> "사랑하는 딸아, 아들아. 우리 인생도 마찬가지란다. 바르지 못한 행실로 화상을 입는 건 아니지만, 그것은 우리의 몸과 마음을 더럽힌단다."

딸은 그제야 잘못을 크게 뉘우쳤고, 어머니의 뜻에 순종해 훗날 큰 어른으로 성장했다.

"살아 있는 교육이란 무엇인가?"

사실 그렇다. 아이를 가르칠 수 있는 좋은 방법은 많지만, 늘 실천과 모범을 보이는 건 어려운 일이다. 충분히 이해한다. 뒤에 필사 부분에 소개할 열 가지 조언도 힘들다는 핑계로 가끔은 현실을 피하고 싶을 때가 있을 것이다. 그때 반드시 자신에게 "이건 아이와 내가 약속한 원칙이야"라고 말하며 철저하게 지키는 모습을 보여줘야 한다. 가장 중요한 원칙은 '약속은 손해가 나도 반드시 지켜야 한다'는 것이다. 이것이 바로 아이에게 훌륭한 태도를 선물할 수 있는 살아 있는 교육이다.

세계적인 에세이스트, 로버트 풀검의 말을 필사하라.

"아이들이 말을 안 듣는다고 걱정하지 말고, 아이들이 항상 당신을 지켜보고 있다는 것을 걱정하라."

요즘 세상은 빠르게 돌아가고, 부도덕적인 일도 많이 일어나고 있다. 하지만 내가 무심코 뱉는 나쁜 말과 행동이 정당화될 수 있는 것은 아니다. 세상이 나를 바라보지 않는다고 안심하지 말자. 내가 나를 보고 있기 때문이다.

우리는 모두 말하고 쓰는 대로 산다. 모든 아이의 문제는 부모에게서 시작한다. 부모가 생각한 표현, 그리고 말과 글이 아이의 삶을 결정한다. "어떻게 키울 것인가?"라는 질문보다, "어떻게 생각하고 말할 것인가?"에 집중하자. 지금도 아이는 부모를 보고 있으니까.

올바른 마음을 가진 아이로 키우는 열 가지 조언

올바른 마음과 태도는 한 사람이 가질 수 있는 경쟁력의 거의 모든 것이라고 볼 수 있을 정도로 인생에 큰 영향을 미친다. 부모가 흔들리지 않아야 아이가 흔들리지 않는다. 이번에는 부모가 필사를 해보자. 세상이 흔들리고 마음이 요동칠 때마다, 아래 수산나의 교육 원칙을 아이와 읽고 필사하며, 마음을 다잡아보자.

1. 언제나 규칙적이고 질서 있는 생활을 해야 한다.
2. 순결하고 행복한 성품을 만들어주기 위하여 어릴 때 악한 성품을 파괴하고 나쁜 습관에 물들지 않게 해야 하며 선한 성품을 습관으로 만들어야 한다.
3. 일찍 자고 일찍 일어나도록 하자.
4. 언제 어디서나 경어를 쓰고 속된 말과 욕은 절대 하지 않는다.
5. 지킬 수 없는 맹세와 저주, 무례한 말을 못하게 하라.
6. 매일매일 가정 학습(숙제와 독서) 시간을 정해 충실하게 지키도록 하자.
7. 거짓말을 용서하지 않으며, 잘못한 것을 정직하게 고백하면 용서한다.

8. 같은 잘못에 대하여 두 번 다시 말하거나 책망하지 않는다.
9. 주어진 일을 제대로 완성하지 못해도 따뜻하게 안아주고, 다음부터 성공할 수 있도록 자세하게 가르치고 때때로 상을 주라.
10. 각자의 소유물에 대한 권리는 보호되고, 아무리 작은 물건이라도 남의 것을 탐내면 안 된다는 사실을 알게 하라.

아이에게 '인맥'의 올바른 개념을 심어주어라

이번 글은 내가 던진 화두를 충분히 이해하고 넘어가야 하기 때문에 길게 풀어 썼으니, 최대한 천천히 읽으며 뜻을 되새겨보길 바란다.

요즘 인맥을 쌓기 위해 동분서주하는 사람이 많다. 이에 대해 나는 조금 부정적이다. 인맥으로 본래 가능한 일을 조금 빨리 처리할 순 있지만, 불가능한 것을 가능하게 만들 순 없기 때문이다. 그리고 전자의 경우도 어쩌다 한 번 사용할 수 있는 히든카드에 불과하다.

높은 자리에 올라가기 위해서는 반드시 성취에 대한 강한 열망, 내 목적만 생각하는 욕망이 있어야 한다. 아무리 선한 목적을 가져도 사람 마음속에는 조금이라도 자신을 위한 목적이 섞여 있기 마련인데, 높은 자리에 오르고 많은 돈을 버는 일을 하는 사람의 성취에 대한 욕망은 얼마나 더 크겠는가? 나는 지금 그 욕망이 나쁘다고 말하는 게 아니다. 목표로 잡은 것을 이루기 위해서는 어쩔 수 없이 내 목적만 생각하는 강한 욕망이 필요한 게 사실이니까. 문제는 그런 사람을 인맥으로 만들기 위해 동분서주하는 사람들이다. 얼굴을 마주하며 대화를 조금 나눠보면 딱 느낌이 오는 사람이 있다.

'이 사람 욕망이 엄청나네.'

아무리 사람 좋은 미소를 보여도, 그 안에 숨은 자신의 욕망은 숨길 수 없는 법이다. 그런데 그 곁에는 언제나 그 사람을 철석같이 믿는 순진무구한 사람이 호위무사처럼 자리 잡고 있다. 그들은 한결같이 그 사람을 존경하고, 언젠가 그가 자신을 도와줄 인맥이 되어줄 것이라고 믿어 의심치 않는다. 하지만 안타깝게도 그들은 자신의 아까운 시간만 낭비하게 될 뿐, 인맥이라고 생각한 그에게 아무것도 얻어내지 못한다.

이유는 간단하다. 아래 문장을 읽고, 아이와 필사하라.

> 욕망이라는 감정은 앞만 보며 달려가는 경주마와 같아서, 옆을 바라볼 수 없기 때문에 다른 사람을 돕는 데 인색할 수밖에 없다.

아이에게 인맥에 대한 올바른 개념을 심어주려면 "내가 할 일은 내가 스스로 해야 한다"는 말을 들려주는 게 좋다. 아이가 타인에게 의지해서 무언가를 해내려는 마음을 버리게 하고, 동시에 '내가 가진 힘이 이 세상에서 가장 센 힘'이라는 사실을 가슴에 품고 살 수 있도록 도와주자.

아이의 세상에서 가장 힘이 센 사람은 누굴까? 맞다. 바로 당신이다. 아이가 가장 먼저 만나는 강력한 인맥은 바로 부모다. 입장을 바꿔서 생각하면 쉽게 알 수 있는 사실이다. 그래서 부모가 처음부터 인맥에 대한 올바른 관념을 심어줘야 한다. 동물은 새끼를 낳으면 먹이를 구해 가져다 주는 등 정성을 다해 돌본다. 자신은 먹지 못해도, 어려움 속에서 먹이를 구해와 새끼에게 먹인다.

놀라운 것은 새끼가 스스로 움직일 수 있게 되면 모든 관심을 끊고 홀로 설 수 있게 독려한다는 사실이다. 그렇게 새끼는 스스로 살아가는 방법을 배운다. 간단하게 말해, '내가 가진 힘이 가장 센 힘'이라는 사실을 알게 된다.

아이가 자기 힘으로 길을 발견하게 하라. 스스로 길을 발견한 아이만이 멈추지 않고 그 길을 걸을 수 있다.

인생에서 정말 중요한 것은 무엇인가

요즘 초등학교 저학년만 돼도 이런 대화를 스스럼없이 나눈다.

"너희 집 몇 동이야?"

"응, 305동이야."

"에이, 겨우 20평에서 사는구나?"

아이들은 누가 더 잘 살고, 몇 동이 넓고, 어느 부모가 능력이 있는지 모두 알고 있다. 대체 그 사실을 어떻게 알았을까? 부모가 알려줬기 때문이다. "나는 그런 적이 없어요"라며 억울함을 호소하는 부모도 있을 것이다. 그러나 아이에게 귀가 있음을 잊지 말라. 아이에게 직접 이야기하지 않아도 아이는 부모가 나누는 대화를 곁에서 듣거나, 부모의 삶의 자세를 통해 그런 사실을 인지하고 삶의 원칙으로 삼게 된다.

무서운 것은 이런 종류의 대화를 나누는 아이들은 앞서 언급한 '욕망이 가득한 사람을 인맥으로 믿는 사람'의 삶을 살 가능성이 크다는 사실이다. 아파트 평수와 부모의 직업 등을 기준으로 친구들을 사귀는 데 익숙해진 아이들은 결국 나중에 내게 도움이 될 만한 사람만 만나 인맥을 형성할 가능성이 크다. 아이와 함께 톨스토이의 말을 필사하라.

"정말로 중요한 일을 하는 사람들의 생활은 언제나 단순하다. 왜냐하면 그들에게는 쓸데없는 일을 생각할 겨를이 없기 때문이다."

자기 일을 중요하게 생각하는 아이는 주변 사람들을 이용하는 일, 도움 받으려는 생각, 쓸데없는 인맥에 관심이 없다. 내게 주어진 일을 하기에도 바쁘기 때문이다.

선택받기 위해 애쓸 것인가, 선택하는 삶을 살 것인가

같은 제품이라도 파는 장소와 시기에 따라 가격은 천차만별이다. 장난감도 마찬가지다. 온라인 상점에서는 2만 원에 파는 장난감이 대형마트에서는 더 비싸게 판매되고 있고, 놀이 공원이나 고속도로 휴게소 등 아이가 떼를 쓰면 사줄 수밖에 없는 장소에서는 온라인 상점 가격의 두 배, 심하면 세 배까지 비싸게 판다. 자신의 욕망을 제어할 수 없는 아이들을 타깃으로 삼은 상술인 셈이다.

"조금만 참자, 엄마가 온라인으로 바로 주문해줄게."

"오늘 참으면 내일 집 근처에 있는 마트에 가서 같은 장난감으로 두 개 사줄게."

두 개를 사준다고 해도, 아이는 말을 듣지 않는다. 이유는 간단하다. '지금 당장' 갖고 놀고 싶기 때문이다. 아이들은 온라인에서 배달되는 시간과 집 근처 마트에 가는 시간을 기다릴 수 없다.

당신의 아이는 어떤가? 카드를 모으기 위해 먹지도 않는 과자를 사고, 친구들과 어울리기 위해 혹은 뒤처지지 않기 위해 유행하는 장난감 시리즈를 모두 구매하는 모습이 흡사 도박 중독에 빠진 어른의 모습을 닮았다고 생각하지 않는가?

그들의 공통점은 스스로 무언가를 선택하며 살아가는 것처럼 보이지만, 실상은 '세상의 유혹에 지고, 선택을 강요받는 삶'을 살고 있다는 것이다. 학년이 올라 갈 때마다, 아이들은 이런 고민에 빠진다.

"내가 친구들의 선택을 받을 수 있을까?"

아이라고 어른과 다르지 않다. 직장을 옮기거나 부서를 옮길 때, "이사님의 선택을 받을 수 있을까?"라는 고민을 하는 것과 마찬가지다. 아이들의 삶에선 친구가 매우 큰 비중을 차지한다. 아이들에게는 함께 놀고 함께 시간을 보낼 친구가 필요하다. 그래서 선택을 받기 위해 하기 싫은 일도 하면서 친구와 가까워지려고 노력한다.

이때 꼭 아이에게 이런 이야기를 들려줘야 한다.

"친구를 만드는 것도 좋지만, 너 자신을 속이면서까지 그럴 필요는 없어."

"없는 말을 하면서까지 친구에게 잘 보일 필요는 없단다."

아이에게 이런 태도를 길러주고 싶다면, '통제'와 '제어'의 가치와 방법을 알려주는 게 좋다. 교육의 최종 목표는 '스스로 자신을 제어하고 통제할 힘을 길러주는 것'이다. 자신의 욕망을 통제한 자만이 무언가를 선택할 수 있는 권리를 누릴 수 있다. 온갖 마케팅도 결국 소비자의 선택을 받기 위해서 하는 행위다. 살면서 무언가를 선택할 수 있다는 것은 생각보다 중요한 일이다. 이미 누군가의 선택을 받을 수 있는 기본 조건을 갖추었다는 것을 의미하기 때문이다.

내가 스스로 무언가를 선택할 수 없는 사람은 누군가 선택해준 삶을 살게 된다. 아이들과 함께 무언가를 선택할 때, 아래 질문을 차례대로 던지며 선택을 조율하라. 아이와 직접 써보는 것도 좋다.

"이게 정말 너의 생각에서 나온 선택이니?"
"이번 선택으로 네가 얻을 수 있는 게 무엇일까?"

그래도 아이가 자신의 선택이 맞다고 말하면, 다음 글을 필사하며 선택에 대한 책임이 자신에게 있다는 것을 알게 하라.

"나는 내가 원하는 것을 선택할 수 있다. 하지만 모든 선택에는 책임이 따른다."

효과적으로 무언가를 선택하는 것도 중요하지만, 가장 중요한 것은 선택에 책임을 지는 것이다. 선택과 책임을 연결할 수 있다면 아이는 언제 어디에서든 최선의 선택을 할 것이며 원하는 결과를 얻을 것이다.

자기 자신의 진정한 주인이 되어야 한다

선택을 받는 것도 중요하지만, 더 중요한 것은 스스로 선택할 수 있는 삶을 사는 것이다. 스스로 무언가를 선택할 수 있다는 것은 선택 대상에 있는 모든 것의 암묵적인 허락을 이미 받았다는 의미와 같기 때문이다. 선택받는 아이도 소수이지만, 스스로 선택할 수 있는 아이는 극소수다. 쉬운 일이 아니다.

인생에서 선택은 다양한 장소에서 이뤄진다. 학교, 직장을 선택할 수 있고, 친구와 배우자를 선택할 수 있다. 결국 한 사람의 인생은 선택으로 점철되어 있다고 해도 과언은 아니다. 갈림길에서 스스로 무언가를 선택할 수 있다는 것은 축복이다. 선택은 변화의 시작이며, 이전과는 다른 삶을 살게 된다는 것을 의미하기 때문이다.

플라톤은《국가》에서 가장 위대한 삶, 즉 스스로 선택할 수 있는 삶을 사는 방법을 알려준다. 그의 조언을 아이와 함께 필사하라.

"가장 좋은 삶을 살기 위해
우리는 먼저 자기 자신을 알아야 한다.
우리 자신을 속박하는 것에서 벗어날 필요가 있으며,
우리 자신의 진정한 주인이 되어야 한다.
그런 삶을 살기 위해서는

욕망을 적절하게 통제할 수 있어야 한다.

그래야 스스로 자신을 지배할 수 있게 된다.”

앞서 내가 장난감 이야기를 한 이유가 바로 여기에 있다. 세상의 유혹에 빠져 선택을 강요받는 삶을 살다 보면, 욕망을 적절하게 통제할 수 없는 성인으로 자라게 된다.

새로운 도전 앞에서도 주눅 들지 않는 아이

풍족한 환경에서 자란 한 아이가 있다. 그의 부모는 지적으로 훌륭하지는 않았지만, 선대로부터 많은 재산을 물려받은 덕분에 별 고생을 하지 않고 임대업으로 편안하게 살며 아이를 교육했다. 하지만 그는 부모에게 배우지 않아야 할 것을 하나 배웠다.

'타인의 성취를 모두 운으로 치부하는 것.'

그의 부모는 심성이 착해서 주변에서 긍정적인 평가를 받았지만, 딱 하나 '노력의 의미를 모른다'는 문제가 있었다. 많은 재산을 물려받은 덕분에 살면서 노력이라는 것을 해볼 필요도 이유도 없었기 때문이다. 불행하게도 그의 아들 역시 부모의 그 마음 자세를 물려받았다.

아이는 자라서 이제 나이 마흔이 넘었지만 지금도 여전히 무엇도 시작하지 않으려고 한다. 경제적으로 넉넉한 부모가 무슨 일을 시작해도 지원해주겠다고 약속했지만, 지난 15년 동안 그는 무엇도 시작하지 않았다. 시기에 따라 변명도 다양했다.

'경기가 너무 안 좋다.'

'월세를 가장 많이 받는 업종을 선택해야 한다.'

'프랜차이즈 매장 운영으로는 돈 벌기 힘들다.'

'지금은 아니다. 전쟁 위험이 있어 기다려야 한다.'

그는 지난 15년 동안 '안 되는 이유를 모으는 사람'으로 살았던 것이다.

시작하지 않으면 끝을 알 수 없다. 많은 아이가 시작을 두려워하는 존재로 자라고 있다. 다시 말해서, 살면서 '끝'을 한 번도 본 적 없는 어른으로 성장하는 것이다. 시작의 즐거움을 아는 아이로 키우기 위해서는, '노력의 소중함'을 알아야 한다. 상대방의 성취를 보고 '운이 아닌 노력'에 집중하는 사람만이 그의 경쟁력을 연구하고, 나와 다른 점이 무엇인지 발견하고, 자신의 삶에 적용할 수 있기 때문이다. 꿈을 이룬 사람들은 시작을 두려워하지 않았고, 끊임없이 노력했다는 사실을 기억하자.

그러나 그게 그냥 되는 것은 아니다. 새로운 도전 앞에서도 주눅 들지 않는 아이로 키우려면 아이의 시작을 돕는 부모의 아주 특별한 언어 습관이 필요하다. 스스로 자신에게 이런 질문을 던져보면 도움이 된다.
"아이의 잘못된 행동을 멈추고 반성하는 습관을 가지게 하려면 어떻게 말해야 할까?"

상황이나 물건의 문제점을 지적하기보다는 아이의 행동에서 문제를 찾고 지적해야 한다. 몰래 방에서 스마트폰으로 게임을 하거나 애니메이션을 보는 장면을 목격했을 때, "스마트폰 당장 해지할거야!"라는 말보다는, 차분한 마음과 표정으로 다가가 "약속 하나 할까? 하나는 이제는 숨어서 보지 않기. 또 하나는 보고 싶으면 미리 말하고 허락받은 다음에 보기. 어때? 약속할 수 있겠지?"라고 말하는 게 좋다.

아이는 혼날 것을 예상했기 때문에, 혼내기보다는 약속을 제안하는 부모의 말에 좋은 마음으로 응할 가능성이 높다. 물론 아이가 약속을 지키지 못할 수도 있다. 하지만 그럼에도 부모는 다시 아이와 약속해야 한다. 믿음이란 믿을 수 없는 상황에서도 끝까지 믿는 것이며, 이것이 두렵지 않은 아이를 만들기 위한 최선의 방법이기 때문이다.

행동 자체를 고쳐주지 않으면 '이제는 부모님 말씀을 듣자'가 아니라, '재수 없게 들켰네, 숨어서 하자'라는 생각을 하게 된다. 어리석은 생각은 어른이 된 이후에도 계속 이어진다. 도로에서 긴급 단속을 할 때도 마찬가지다. 대게 단속에 걸린 사람은 반성보다는 '운이 없어서 걸렸네'라고 생각하며, 단속을 피하지 못한 자신을 원망한다. 일상에서도 부모가 그런 표현을 가급적 사용하지 말아야 한다.

한마디로 모든 이야기를 압축하면 이렇다. 새로운 도전 앞에서도 당당한 아이로 키우고 싶다면, 부모가 먼저 잘못을 인정하는 자세를 가져야 한다. 그것은 과거의 잘못을 멈추고 다시 시작한다는 것을 의미하기 때문이다. 멈춘 아이만이 다시 시작할 수 있다.

너는 무엇이든 할 수 있는 사람이다

아이에게는 처음 시작하는 것이 참 많다. 새로운 친구와 선생님, 각종 학원 수업, 그리고 아직 이해가 되지 않는 교과서 내용까지. 이 모든 일을 즐거운 마음으로 시작해서 아름다운 결과를 내는 아이로 키우고 싶다면, '시작을 대하는 생각'부터 바꿔줘야 한다. '시작은 두렵다'는 생각을 지금 당장 기쁨으로 바꿔주지 못하면, 그 아이는 평생 무언가를 시작할 때마다 두려움에 빠질 지도 모른다.

시작의 중요성을 알고 있던 대문호 '괴테'는 어린 손자가 어떤 일을 시작할 때, 두려움보다 기쁨을 느끼게 해주고 싶은 마음에 짤막한 시를 적어 기회가 있을 때마다 들려줬다. 아래 문장을 아이와 함께 필사하라.

한 시간에는 일 분이, 육십 초가 있다.
하루에는 천이 넘게 있다.
잊지 말아라.
너는 무엇이든 할 수 있는 사람이라는 사실을.

1 부정적인 부분만 바라보는 사람은 어떤 상황에서도 자신의 삶에 만족하지 못하게 된다. 일단 희망을 가져야 희망적인 내일을 기대할 수 있다. 그래서 스스로 생각하는 사람이 되는 것이 중요하다. 희망은 저절로 얻어지는 것이 아니라, 다양한 관점으로 상황을 분석하고 희망을 발견할 수 있는 사람에게만 주어지는 일종의 특권이기 때문이다.

2 시를 가르치고 암기하게 하는 게 아니라 시를 즐기고 느끼게 해야 한다. 타인의 도움으로 당장 만점을 받는 것보다, 자신의 힘으로 50점을 받는 것이 아이를 위해 더 좋다. 그것은 자신의 힘으로 얻은 점수이기 때문이다. 100편의 시를 암기하게 하는 것보다 한 편의 시를 느끼고 이해하게 하라.

3 핑계와 변명을 하지 않는 마인드가 중심에 잡혀 있는 아이는 절대 시간을 헛되이 보내지 않는다. 그들은 어떤 고통스러운 순간을 맞이하더라도, '왜 내게만 이런 일이 일어나지?'라는 생각을 하기보다는 '왜 고통이 나를 피해가야 하는가?'라는 생각으로 현실을 이겨낸다. 바로, 이 마음가짐에 삶을 대하는 아이의 태도를 바꿀 모든 답이 존재한다.

4 세상에 아이를 키우는 일보다 소중한 일은 없다. 바꿔 말하면, 부모는 소중한 아이를 키우는 세상 누구보다 빛나는 일을 하는 사람이다. 가장 귀한 일을 하는 사람이기에, 가장 많은 보호를 받고 스스로 자신을 지켜줘야 한다. 그러니

아이와 오래 함께 있어주지 못하는 자신을 원망하지 말자. 더 좋은 환경을 제공하지 못하는 무능에 아파하지 말자. 당신은 지금 그대로 충분히 훌륭하다. '부모'라는 이유로 완벽한 사람이 될 필요는 없다. 단지, 내 아이를 사랑하는 마음 하나면 충분하다.

5 "아이들이 말을 안 듣는다고 걱정하지 말고, 아이들이 항상 당신을 지켜보고 있다는 것을 걱정하라." 모든 아이의 문제는 부모에게서 시작한다. 부모가 생각한 표현, 그리고 말과 글이 아이의 삶을 결정한다. "어떻게 키울 것인가?"라는 질문보다, "어떻게 생각하고 말할 것인가?"에 집중하자. 지금도 아이는 부모를 보고 있으니까.

6 선택을 받는 것도 중요하지만, 더 중요한 것은 스스로 선택할 수 있는 삶을 사는 것이다. 스스로 무언가를 선택할 수 있다는 것은 선택 대상에 있는 모든 것의 암묵적인 허락을 이미 받았다는 의미와 같기 때문이다. 선택받는 아이도 소수이지만, 스스로 선택할 수 있는 아이는 극소수다. 쉬운 일이 아니라서, 더욱 소중한 일이다.

7 시작하지 않으면 끝을 알 수 없다. 많은 아이가 시작을 두려워하는 존재로 자라고 있다. 다시 말해서, 살면서 '끝'을 한 번도 본 적 없는 어른으로 성장하는 것이다. 시작의 즐거움을 아는 아이로 키우기 위해서는, '노력의 소중함'을 알아야 한다. 상대방의 성취를 보고 '운이 아닌 노력'에 집중하는 사람만이 그의 경쟁력을 연구하고, 나와 다른 점이 무엇인지 발견하고, 자신의 삶에 적용할 수 있기 때문이다.

5부

마음 내공 다지기

배우고 연결한다

아이의 재능에 날개를 달아라

인문학이란, 배움의 본질을 찾겠다는 열망을 가진 사람들이 공부하는 학문이다. 그들이 공부하는 자세에는 세 가지 특징이 있다.

1. 세상이 '사실'이라 부르는 것을 그냥 받아들이지 않기 위해 공부한다.
2. '왜 이런 원칙을 만들게 됐나' '왜 이런 생각을 하게 됐나?' 등 질문을 던지며 나만의 답을 찾기 위해 공부한다.
3. 그것이 낯선 것이고, 알고 싶기 때문에 공부한다.

우리는 그들의 자세를 배워야 한다. 단순하게 지식을 쌓는 건, 공부가 아니라 '지식 수집가'의 일이다. 마치 게임에 빠진 사람이 자신이 좋아하는 각종 아이템을 수집하는 것처럼, 그저 지식을 수집하는 것만으로는 공부의 진짜 목적인 '사람으로의 성장'에 도달할 수 없다.

우리는 공자, 맹자, 소크라테스, 정약용 등 위대한 사상가들에게 '지적인 도전으로의 충동'과 '다양한 분야에 대한 안목'을 배울 수 있다. 하지만 그것은 우리가 그들에게 배울 것들 중 일부에 지나지 않는다. 오히려 우리는 너무나 사소한 것만 배우고 있을지도 모른다. 우리는 그들에게 '어떻게 위대한 삶을 살았는가?'를 끊임없이 질문하고 답을 찾아서 올바른 자세로 배우는 사람이 되어야 한다. 그래야 배움이 아이의 재능을 펼칠 날개가 될 수 있다.

수많은 제자를 가르친 공자는 누군가를 가르칠 때 두 가지 원칙을 지켰다.

'마음으로 애쓰지 않으면, 그 뜻을 열어주지 않는다.'

'입으로 말하려고 애쓰지 않으면, 표현할 수 있도록 해주지 않는다.'

그 이유는 이렇다.

"마음으로 구하지 않고 말하려고 애쓰지 않는데도 교육한다면, 아는 것이 그 마음에 자리 잡을 수 없다. 마음으로 구하고 입으로 말하려고 했을 때, 필요한 것을 알려주면 성장의 동력이 된다. 배우는 자는 깊이 생각해야 한다."

중요한 건, 가르치는 자보다 배우는 자가 절실하고 깊게 생각해야 한다는 점이다. 재능을 타고나지 않는 아이는 없다. 다만 절실함이 없기 때문에 재능을 다하지 못하고 늙는다.

아이들이 일상에서 대하는 모든 일에 정성을 더하는 경험을 하도록 만드는 것이 좋다. 일을 정성스럽게 하지 않으면 아무리 많은 시간을 투자해도 재능을 발휘할 수 없다. 일을 대하는 다음 세 가지 마음자세를 가슴에 담을 수 있도록 아이와 함께 큰 소리로 읽어보라.

1. 남들이 하찮다고 생각하는 일에 모든 정성을 담자

하찮다고 생각하는 일에 정성을 담는 것, 그 자체가 나와 다른 사람을 구별하게 하는 최고의 방법이다. 모두가 그 일을 하찮게 대할 때, 홀로 귀하게 대하는 사람을 발견하면 바로 눈에 띈다. 집중해서 그 사람의 말과 행동을 지켜보게 된다. 지켜보면 알게 되고, 알게 되면 호감이 생긴다. 호감은 결국 기회로 이어진다. 주변에서 더 자주 좋은 기회를 줄 것이며, 자신의 재능을 더 귀하게 사용할 수 있게 된다.

2. 세상에서 가장 우스운 일도, 진지한 연습을 통해 배울 수 있다

간혹 개그맨들이 예능 방송에서 잔뜩 인상을 구긴 채 우스운 춤을 추며 사람을 웃기는 걸 볼 수 있다. 그 모습을 상상하며 사색에 빠져보라.

'우스운 춤을 춘다고, 연습까지 웃으며 했을까?'

바보 같은 표정으로 사람을 웃기는 사람도, 그걸 연습할 때는 누구보다도 진지하다. 모든 감동은 하찮은 것도 진지하게 대하는 마음에서 나온다. 그들의 춤은 우습지만, 노력은 누구보다도 진지했다는 사실을 알아야 한다.

3. 내가 할 수 있는 최고의 기본 자세를 갖추자

가장 중요한 부분이다. 나는 저서《가장 낮은 데서 피는 꽃》,《그럼에도 우리는 행복하다》라는 책을 통해 세계 3대 도시 빈민이 사는 필리핀 톤도 아이들의 놀라운 삶을 전했다. 톤도의 아이들은 이제 막 걸음을 배운 아이까지 거리로 나가 쓰레기를 뒤져 먹을 수 있는 것을 찾아야 하는 비현실적인 상황에서 살지만, 국제구호단체에서 운영하는 학교에 등교할 땐 언제나 깨끗하게 세탁한 옷을 입는다. 당연히 한국의 아이들처럼 깨끗한 옷은 아니다. 물이 귀한 나라이기 때문에, 더러운 흙탕물이 가득한 대야에 손을 넣고 꾹꾹 눌러 최대한 깨끗하게 빨아 입는 정도다. 다만 그들은 나름대로 최선을 다한 것이다. 그 마음을 느낄 수 있어야 한다. 늘 내가 할 수 있는 최고의 기본자세를 갖춰 일상을 보내야 한다. 아이들이 열악한 환경에서 배움의 끈을 놓지 않고, 기어이 필리핀 최고의 대학에 진학하는 것도 어찌 보면 당연한 결과다. 하찮은 것도 소중하게 대하는 삶의 자세가 바탕에 깔려 있기 때문이다.

위에서 강조한 세 가지 사항을 일상에 적용하려면 무엇을 어떻게 해야 할까? 내게 가장 좋은 방법이 하나 있다. 바로, 잠시라도 아이에게 딴짓하는 시간을 만들어주는 것이다.

"딴짓하지 마!"

집에서는 부모님이, 수업 시간에는 선생님이 아이들에게 자주 하는 말이다. 어른들은 언제나 아이들이 같은 장소에서 같은 사람을 바라보며 같은 행동을 하기를 원한다. 문제는 아이에게 그런 삶을 강요하면서, 동시에 '남들이 할 수 없는 창조적인 일'을 하기를 원한다는 사실이다. 아이에게 남들과 똑같이 생각하고 행동하게 만들어놓고, 왜 갑자기 다른 것을 원하는가? 그럼 아이들은 매우 당황스럽다.

나는 '딴짓'의 중요성에 대해 말하고 싶다. 아이들이 자주 반복한 딴짓이 아이의 인생을 결정하기 때문이다. 창조적인 물건을 만드는 일을 할 아이는 수업 시간에 책상 서랍 안에서 끊임없이 무언가를 만들고, 대화나 각종 연설에 능한 어른으로 성장할 아이는 옆에 있는 친구와 매일 다른 주제로 즐겁게 잡담을 나눈다.

어린 시절 나는 수업 시간에 매일 종이를 꺼내 글을 썼다. 선생님의 근엄한 표정과 끝도 없이 펼쳐진 하늘, 눈에 비치는 모든 사물에는 나름의 온도가 있었다. 나는 매일 그 온도를 섬세하게 관찰했고, 느낌을 글로 적었다. 지금까지 쓴 수십 권의 책들은 이미 어린 시절에 시작된 것이다.

아이들이 '딴짓'을 하는 건 매우 자연스러운 현상이다. 중요한 것은 아이들이 '딴짓하는 귀한 시간'을 제대로 잘 찾을 수 있도록 도와주는 부모의 역할이다. 부모는 아이가 마음 편하게 딴짓을 할 수 있게 도와야 한다.

아이들의 딴짓은 아이들의 재능을 발견하고 키워주고, 나중에 '직업'이 된다. 부모는 아이가 자주 반복하는 딴짓을 유심이 관찰한 후에 최적의 조언을 해주고, 아이가 제대로 그 길을 걸을 수 있게 해야 한다.

내가 수업 시간에 글 쓰는 것을 좋아한다는 사실을 알고 있던 어머니는 초등학교 때부터 매일 일기와 시를 반복해서 쓰게 했다. 당시 일기는 강제적인 일이었지만 시는 선택이었다. 나는 시를 선택했고, 틈이 날 때마다 어디에서든 시를 썼다. 만약 그런 선택이 없었다면 나의 글은 지금까지 올 수 없었을 수도 있다. 글은 정말 나의 딴짓으로만 끝이 나고, 열심히 쓴 글은 낙서 신세가 되어 버려졌을 것이다. 그러면 나는 지금 당연히 작가라는 직업을 갖지 못했거나, 글 쓰는 일을 좋아하지 않게 되었을 것이다.

딴짓은 나를 발견하는 시간이다. 내가 가장 좋아하는 일이 무엇이고, 그 일을 어느 장소에서 할 때 가장 좋아하는지, 그때 내 표정과 느낌은 어떤지, 그 모든 과정을 발견하는 시간이다. 내 아이가 언제나 즐겁게 딴짓을 할 수 있게 돕자. 이것이야말로 가장 근사한 꿈 교육이며 진로 상담이다.

재능과 장점을 더 빛나게 하는 율곡의 문장들

조선시대의 대학자인 율곡 이이는 학문을 시작하는 이들을 가르치기 위해 편찬한 책 《격몽요결》에서 배우는 사람의 자세에 대해 이렇게 조언한다.

"몸과 마음을 가다듬는 것은 '구용九容'보다 더 절실한 것이 없고, 학문을 나아가게 하고 지혜를 더하는 것은 '구사九思'보다 더 절실한 것이 없다."

구용과 구사를 아는 것이 매우 중요하기 때문에 하나하나 구분해서 적는다. 구용과 구사에서 알려주는 삶의 태도는 아이의 인생뿐 아니라, 재능을 키워주고 그 재능을 올바르게 사용할 수 있도록 도움을 준다. 아이와 함께 필사하면 더 좋다.

구용

발을 가볍게 들지 않고, 손의 모양은 공손하게, 눈의 모양은 단정하고, 입의 모양은 조용하고, 목소리 모양은 고요하고, 머리 모양은 곧게 하고, 기운을 엄숙하게 하고, 선 모양은 덕스럽게 하고, 얼굴빛은 씩씩하게 하는 것이다.

구사

사물을 볼 때는 밝게 보고, 들을 때는 집중해서 똑똑히 듣고, 얼굴빛을 온화하게 유지하고, 용모를 공손하게 하고, 말은 성실하게 하고, 일에 처해서는 공경함을 생각하며, 의심스러운 것은 질문하고, 분할 적에는 곤란할 때를 생각하고, 이득을 보거든 의로운 것인가 아닌가를 생각해야 한다는 것을 말한다.

배움의 과정을 사랑하는 아이로 키우는 법

사회에 나오면 배울 게 참 많다. 취미로 배우고 싶은 것도, 사회생활을 제대로 하기 위해 반드시 배워야 할 것들도 많다. 그래서 시간을 쪼개 늦은 밤이나 새벽에 학원에서 부족한 것을 배운다. 그때마다 우리는 늘 이런 생각에 빠진다.

'내가 학교 다닐 때도 이렇게 공부했으면 가고 싶은 대학에 가고도 남았지!'

왜 사회에 나오면 많은 사람이 약속이나 한 것처럼 조금 더 열심히 공부하지 않았던 학창시절을 후회하는 걸까? 나이가 들어 어른이 돼야만 공부의 중요성을 알게 되기 때문일까? 참 답을 내기 어려운 문제다.

나는 오랜 시간 그들을 연구하며, 아주 중요한 포인트를 발견했다.

'학창시절에는 돈을 내지 않고 공부하지만, 사회생활을 할 땐 돈을 내고 배운다.'

물론 학창시절에도 돈을 낸다. 다만 돈을 내는 사람이 부모라서 문제다. 부모는 대신 돈을 내주며, "너는 공부만 잘하면 된다"라고 격려한다. 게다가 열심히 공부하면 돈도 주고 원하는 것을 모두 사준다. 돈을 내지 않고 오히려 돈을 받으며 공부하는 셈이다. 거기에 결정적인 차이가 존재한다. 사회생활을 하며 배우는 모든 공부는 스스로 원한 것이라 아무리 비싸고 시간이 부족해도 월급과 시간을 쪼개서 돈을 내고 공부에 몰입한다.

세상에는 '돈을 받으며 공부하는 사람'과 '돈을 내며 공부하는 사람'이 있다. 당신의 아이를 최선을 다해 공부하는 아이로 키우고 싶다면, 공부의 기쁨을 아는 아이로 키우고 싶다면, 아이가 스스로 '돈을 내고 공부한다'는 생각이 들게 해야 한다. 그래야 아이가 '공부만 잘하면 모든 것을 용서 받을 수 있다'는 생각을 하지 않을 수 있고, 공부가 더 절실해지고 소중해져서 배움의 진실한 기쁨을 알게 된다.

실제로 '돈을 내면서 배우고 있다'라는 감정이 들 수 있게 하고 싶다면, 일상에서 자연스럽게 아이와 다음 과정을 실천해보는 것도 좋다. 그럼 배움의 기쁨을 더욱 진하게 느낄 수 있게 될 것이다.

1. '배움 저금통'을 하나 만들어라

'공부 저금통'이 아닌 '배움 저금통'이라는 이름을 쓰는 이유는, '공부'라는 단어에 너무 얽매이지 않게 하기 위함이다. 또한 '공부'보다 더 포괄적인 개념인 '배움'이라는 단어를 사용함으로써 아이는 단순히 책으로만 배우는 과정에서 벗어나 넓은 세상에서 더 많은 것을 흡수하게 될 것이다. 주의할 것은 저금통의 크기가 너무 크면 곤란하다는 사실이다. 결실을 자주 볼 수 있어야 한다. 그 이유는 5번을 보면 알 수 있다.

2. 하루 10분이면 충분하다

아이와 함께 무슨 과목이든 하루 10분만 공부하라. 현실적으로 긴 시간을 함께 공부하는 것은 쉽지 않다. 아이와 부모 서로에게 부담이 되지 않는 수준인 하루 10분이면 충분하다. 배움은 언제나 기쁨이어야 한다. 무엇을 배우든 그것이 수업이나, 과목 중 하나라고 느끼게 하면 안 된다. 지식을 더 전하려고 하지 말고, 함께 무언가를 공부한다는 기쁨을 전하는 게 우선이다. 기분 좋게 시작하고 마무리하는 게 가장 중요하다는 사실을 잊지 않아야 한다.

3. 중요한 건 반복이다

단, 쉬지 않고 매일 반복해야 한다. 그래야 아이에게 사는 것 자체가 배움이라는 사실을 알려줄 수 있다. 일상에서 자주 접하는 것들에 대한 배움부터 시작하는 게 좋다. "눈이 오면 왜 기분이 좋아질까?"라는 질문도 아이들의 호기심을 유발할 수 있는 질문 중 하나다. 아이는 자기가 생각하는 수많은 답을 말할 것이다. '눈싸움을 할 수 있으니까' '눈은 자주 오는 게 아니니까, 그래서 반가운 것 같아.' 부모는 그저 아이에게 질문하고 답을 듣기만 하면 된다. 그것 자체가 아이에게 도움이 되는 살아 있는 공부다. 이때 새로운 사실을 알게 되면 바로 배움 저금통에 돈을 넣어서 쌓이는 기분을 즐길 수 있게 하면 좋다.

4. 배움에도 차이가 있다

우리가 아이에게 무언가를 가르치는 궁극적인 이유는 그것을 스스로 깨우칠 능력이 없기 때문이다. 스스로 무언가를 발견하고 깨우치는 기쁨을 알게 해줘야 한다. 아이가 스스로 깨우쳤을 때는 평소보다 두 배 많은 돈을 넣게 하라. 다른 사람의 생각을 적은 책이나 세상에 존재하는 답이 아닌, 스스로 무언가를 생각하고 깨우친다는 것의 소중함과 가치를 알게 될 것이다.

5. 과정을 사랑하게 하라

우리가 배움 저금통을 사용해서 아이를 교육하는 이유는, 돈을 내고 배워야 할 정도로 배움이 소중하다는 것을 알려주기 위함이다. 결코 돈의 소중함을 교육하기 위함이 아니라는 사실을 알아야 한다. 세 달에 한 번 정도 저금통을 열어, 그간 모은 돈으로 아이와 함께 공부에 필요한 학용품을 사라. 배움에는 끝이 없고, 모든 배움은 다시 자신에게 돌아온다는 사실을 알게 될 것이다.

무언가를 배우는 과정은 우리에게 매우 다양한 선물을 준다. 그저 무언가를 알게 되는 것으로 끝나지 않는다. '자기 자신을 사랑하는 방법'도 알게 되고, '홀로 설 수 있는 힘'과 '함께 살 수 있는 따뜻함'을 겸비한 아이로 성장하게 돕는다. 그래서 배울 때는 늘 정성을 다해야 한다. 배운다는 것은 자신을 사랑하는 일과 같기 때문이다.

스스로 생각하고 응용하는 힘 기르기

수많은 거장을 키운 부모들의 공통점은 '아이가 스스로 생각하도록 부드럽게 강요했다'라는 사실이다. 아이가 다음 문장을 필사하면 스스로 생각할 수 있게 되고, 장기적으로 자신을 유혹하는 온갖 자극적인 것에서 벗어날 수 있게 될 것이다.

내 생각은 아주 특별합니다.
누구도 나와 같은 생각은 할 수 없습니다.
더 근사한 것은 나에게
'내 생각을 말할 수 있는 용기'가 있다는 사실입니다.

자연은 나의 일부입니다.
모든 자연은 나로부터 시작하며,
내가 배운 모든 지식은
오늘의 실천을 통해 지혜가 될 것이고,
세상을 돕는 데 아름답게 쓰일 겁니다.
나의 생각은 보석보다 빛납니다.

하나를 배우면 열을 깨우치는 아이는, 단순히 그 분야에 특별한 재능이 있거나 천재적인 두뇌를 가졌기 때문이 아니다. 바로 자신이 배운 것이 가치 있다고 생각하기 때문이다. 자신이 배운 것을 소중하게 여기는 아이는 하나를 배우면 그 지식을 공식으로 삼아 다른 데 응용하며 깊고 넓게 배움을 확장해나간다. 물론 배움의 과정을 사랑하는 아이로 키우는 건, 쉬운 일은 아니다. 하지만 힘들 때마다 다음 문장을 기억하라.

타인의 생각을 공급받아 사는 사람은
스스로 생각하는 사람을 이길 수 없다.

이 문장을 아이와 함께 읽고 필사해보자. 이때 아이에게 '타인의 생각을 공급받는 것'이 어떤 점에서 나에게 좋지 않은 영향을 주는지 예를 들어 설명해주면 좋다. 또 '스스로 생각하는 힘'에 대해서도 함께 이야기해보고, 아이에게 '넌 어땠어?' 하고 질문해보자.

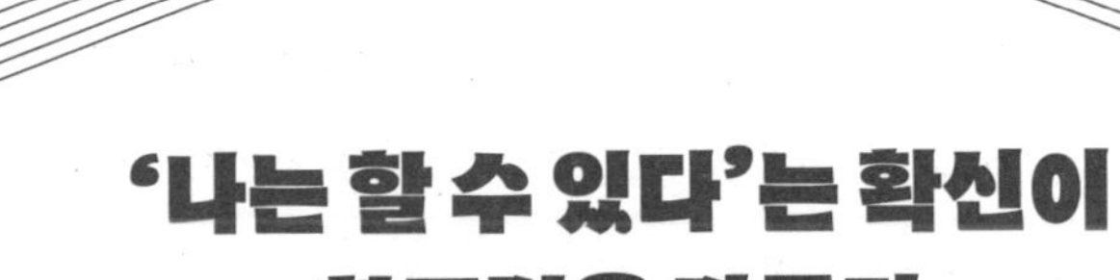

'나는 할 수 있다'는 확신이 창조력을 만든다

많은 사람이 묻는다.

"한국에는 왜 명품 브랜드가 없나요?"

환경 탓일까? 아니다. 답은 아주 간단하다. 창조의 눈을 감고, 소비의 눈만 떴기 때문이다.

창조하려는 마음보다 소비하려는 마음으로 사는 사람은 혁신적인 무언가를 창조할 수 없다. 또한 같은 재료를 써도 몇 배 이상의 가치를 발하는 명품도 만들 수 없다. 창조적인 사람이 되고 싶다면, '오브제'를 자주 접해야 한다.

오브제란 프랑스어 'Objet'에서 온 말로, 작품에 쓴 일상생활 용품이나 자연물 또는 예술과 무관한 물건을 본래의 용도에서 분리하여 작품에 사용함으로써 새로운 느낌을 일으키는 상징적 기능의 물체를 이르는 말이다. 음악도 좋고 미술, 건축도 좋다. 다만 주의해야 할 것은, 그것을 관찰할 때 특별한 무언가를 발견하기보다는 전체적인 형태를 먼저 파악하는 게 중요하다는 사실이다. 그리고 하나씩 떼어 내면서 관찰해야 한다. 하지만 그것보다 더 중요한 건, '할 수 있다는 확신'이다. 어렵게 생각하지 말자.

창조는 어렵거나 고통의 대상이 아니다. 집에서도 쉽게 할 수 있는 창조 교육이 있다. 환경과 재능을 핑계로 아이들에게 창조 교육을 할 수 없다고 말하는 부모도 있다. 잘 몰라서 그렇게 말하는 것이다.

불가능을 말하는 부모들에게 '비틀즈'를 소개한다. 시대를 앞선 창조적인 음악을 만들었던 전설적인 그룹, 비틀스의 리드 보컬이자 작사와 작곡을 맡았던 존 레논과 폴 매카트니의 존재는 비틀즈에서 절대적이었다. 각종 음악 관련 잡지나 음악 전문가들은 세계 최고의 작곡가로 존 레논을 1위, 폴 매카트니를 2위로 선정할 정도로 그들은 위대한 음악가였다.

하지만 둘의 성장 환경은 극과 극이었다. 존 레논은 네 살 때 부모가 헤어지면서 이모와 함께 살았다. 그의 이모는 남편과 함께 조카를 친자식처럼 아끼고 돌봤으나 부모의 부재는 유년기 내내 그를 힘들게 했다. 그런 이유로 그는 어릴 적에 리버풀을 벗어나는 꿈을 자주 꾸었다.

반면 폴 매카트니는 누구보다 밝은 분위기 속에서 성장했다. 그의 가족은 무척 화목했고, 집안에는 아름다운 음악 소리가 끊이지 않았다. 게다가 어릴 때부터 아버지의 재즈 연주를 감상하며 자연스럽게 수준 높은 음악을 접했다.

둘 다 위대한 음악가로 성장했지만, 살았던 환경과 분위기는 전혀 달랐다. 환경도 물론 중요하지만, 중요한 건 의지다.

앞서 오브제를 언급하면서, 대상을 하나씩 떼어내면서 관찰해야 한다고 말했다. 집에서 창조 교육을 할 수 있다는 확고한 의지가 생겼다면, 아이에게 필사를 시킨 후에 본격적으로 대상을 하나씩 떼어내면서 관찰하는 실습을 해보자.

음악을 예로 들자면, 이런 방식이다. 매우 중요한 부분이니 집중해서 읽기를 바란다.

1. 아이가 지루함을 느끼게 하라

다양한 악기가 나오는 곡을 아이에게 들려주자. 아이가 지루함을 느낄 때까지 같은 음악을 반복해서 들려줘야 한다. 다른 일을 할 수 없게 하고 최소 일곱 번 이상 아이에게 같은 음악을 감상하게 하라. 지루함을 느낀다면 다음 단계로 넘어가라. 지루함을 느끼는 순간을 제대로 포착하는 게 중요하다.

2. 사소한 부분을 발견하게 하라

음악을 듣는 귀가 음악의 사소한 부분을 향하게 하는 단계다. 악기 하나에 집중할 수 있게 하는 질문을 하라. 이때, “피아노 소리가 들리니?”라는 질문보다는 “피아노 소리가 어때?”라고 묻는 게 좋다. 아이의 의견을 묻는 질문을 반복하며 아이가 음악의 사소한 부분까지 감상할 수 있게 해야 한다.

3. 미세하게 나눠서 감상하게 하라

이런 과정에 익숙해지면, 이번에는 악기 하나에 한정 짓지 말고, "어떤 악기가 가장 듣기에 좋아?"라는 질문으로 넘어가면서 생각의 범위를 확장하면 된다.

4. 조각을 내서 연결하고 나만의 것으로 창조하게 하라

마지막으로 연결과 재탄생 과정이다. 이번에는 "네가 만약 음악을 만든다면, 어떤 악기로 음악을 구성하고 싶어?"라는 질문으로 아이가 음악을 스스로 편집할 수 있게 하라. 다시 말해서, 누군가 만든 음악을 분리해서 나만의 것으로 재탄생시키는 것이다.

영화나 드라마, 미술 작품 등으로도 응용이 가능하니, 내가 제시한 방법을 사용해서 다른 분야에 적용해보는 것도 좋다. 그게 바로 아이의 창조력을 자극할 가장 효과적인 방법이다.

창조는 도전이다

창조에 대한 교육은 가정에서 쉽게 할 수 없다고 생각하는 부모가 많다. 하지만 다음 사례를 읽어보면 마음을 달리 먹게 될 것이다. 애플의 공동창업자 스티브 워즈니악은 어린 시절 아버지에게 과학에 대한 사랑과 기술에 대한 영감을 받았다. 항공기 제조사 록히드의 엔지니어였던 그의 아버지는 퇴근하고 나면 아들에게 전자부품들이 어떻게 작동하는지 가르쳐주었다. 치과 의사였던 마크 저커버그의 아버지는 어린 아들에게 직접 베이직 프로그래밍을 가르쳤다. 구글의 공동창업자 래리 페이지의 아버지는 아들에게 로보틱스(로봇을 공업 기술적으로 연구하는 학문 분야) 콘퍼런스를 보여주기 위해 때론 어린 페이지를 차에 태워 왕복 열 시간 이상을 이동해서 다닐 정도였다. 영화 〈아이언맨〉의 실제 모델이자, 테슬라 창업자인 일론 머스크는 엔지니어였던 아버지의 영향으로 열 살에 첫 컴퓨터를 갖게 되면서 과학과 기술에 관심을 갖고 연구하게 되었다.

'창조경제'는 정부의 구호가 만드는 게 아니라, 가정에서 부모가 시작하고 만들어나가는 것이다. 그들을 최고의 창조자로 키운 부모의 가르침을 다음 문장으로 압축할 수 있다. 이 내용을 필사해보자.

세상이 내게 실패할 거라고 말할지도 모른다.

그럼에도 나는 계속 도전할 것이다.

설령 눈앞에 실패가 보이더라도,

당당하게 도전하겠다.

불가능에 도전하는 것보다 소중한 경험은 없으니까.

의식 있고 교양 있는 사람으로 성장하는 교육

극장에 갈 때마다, 의식 없는 사람이 꽤 많다는 사실에 놀란다. 신발을 벗고 앞 의자에 다리를 올리고 있는 사람, 영화를 상영하는 내내 쩝쩝대며 음식을 먹고 큰 소리로 대화하는 사람 등. 원활한 상영을 위해 명시된 시간보다 10분 늦게 영화가 시작되지만, 늦는 사람은 결국 또 늦는다. 그들은 남들이 한참 몰입하고 있는 순간에 통로를 비집고 들어와 당당한 얼굴로 앉는다. 한참 스마트폰을 바라보기도 한다.

가장 큰 문제는 이들이 모두 아이와 함께 온 부모들이었다는 사실이다. 아이가 무엇을 배울까? 나는 슬프게도 영화를 보는 동안 그들의 아이에게서 부모의 모습을 발견할 수 있었다. 시끄럽게 소리 지르며 중간중간 일어서는 아이들의 행동은 이미 부모의 모습을 닮아 있었다.

한 예능에 최고 인기 연예인이 출연했다. 그는 편의점에서 최대한 밝게 웃으며 돈을 지불했다. 하지만 뭔가 이상하다. 인사하면서 허리는 90도로 꺾였지만, 그가 지불한 돈은 아르바이트 학생의 손을 지나 테이블에 떨어졌다. 그 연예인은 아르바이트생의 손을 바라보지도 않은 채, 자연스럽게 돈을 던진 것이다. 그는 사람 좋게 웃었지만, 그 웃음이 진실이 아니라는 느낌을 지울 수 없다. 그의 의식 수준이 느껴졌다.

이런 상황들을 목격할 때마다 깜짝 놀란다. 정말 많은 사람이 자신의 결함에 대해 잘 모르고 있거나 애써 무시하며 살고 있구나 싶다. 그래서 참 힘들다. 의식 수준은 자신도 모르게 불쑥 튀어나와 내면의 수준을 적나라하게 보여주기 때문이다. 몸은 옷으로, 상한 음식은 포장으로 가릴 수 있지만, 의식과 교양은 무엇으로도 가릴 수 없다.

자신의 결함을 인정하고, 누구나 시작은 초라하다는 사실을 잊지 말아야 한다. 뒤에 소개하겠지만 위대한 지성 소크라테스, 공자, 괴테 역시 마찬가지다. 의식 수준을 높이기 위해서는 자신의 결함을 아는 게 중요하다. 그래야 변화를 결심하기 때문이다. 그래서 위대한 위인들은 자신의 결함을 연구하는 시간을 따로 갖고 분석하기도 했다.

자기 결함을 모르는 사람은 결국 계산된 겸손, 위장한 정의, 빗나간 사랑으로 자신의 모든 악덕을 숨기게 된다. 자신을 의식할 수 없는 거짓 인생을 살게 되는 셈이다.

내 아이가 수준 높은 인생을 살기를 바란다면, 지금 바로 부모 자신과 아이의 결점을 찾고, 언어를 통해 일상을 조금씩 바꾸어나가라. 시작은 힘들지만, 시작하면 반드시 원하는 곳에 도착할 것이다.

다른 사람의 기분을 생각하고 말하기

우리는 그 사람의 의식 수준을 보며 그 사람의 인간적인 수준을 가늠한다. 의식 수준의 한계가 바로 삶의 한계를 결정하기 때문이다. 물론 의식 수준을 갑자기 확 끌어올릴 수는 없다. 하지만 방법은 있다. 바로 언어다. 내가 쓰는 언어가 바로 행동이 되고, 그게 모여 의식 수준을 결정한다. 언어로 수준 높은 일상을 습관처럼 보내게 해야 한다. 다음 문장을 아이와 필사하라.

나는 다른 사람의 기분을 생각하고 말합니다.
세 번 생각한 후에 말합니다.
나는 세상을 아름답게 할 말만 합니다.
내가 하는 말은 바로 글이 될 수 있습니다.

소크라테스는 글을 쓰지 않았다. 공자도 마찬가지다. 그런데 그들의 말은 책이 되어 세상에 남았다. 니체가 '최고의 에세이'로 극찬한 《괴테와의 대화》 역시 마찬가지다. 괴테는 그 책을 직접 쓰지 않았다. 이들은 공통점은 단 하나다. '글이 될 수 있는 말'을 하며 살았다. 그 말에 감명을 받은 제자들은 스승의 말을 글로 적었고, 그것은 인류를 대표할 근사한 책으로 남았다. 이처럼 의식 수준이 높은 사람의 입에서 나오는 말은 그저 그 주변에서만 머물다가 사라지지 않고, 그 말을 귀하게 여기는 사람들에 의해서 더 멀리 아름답게 흩어져, 수많은 사람들의 삶을 밝히는 등불이 된다. 그 시작에 바로 다른 사람들이 있다. 다른 사람들의 기분을 생각하고 배려하면서 말한 것들이 내면에 쌓여 그 사람의 의식 수준을 높여주기 때문이다.

최선을 다해 노력하고 끝까지 마무리하는 아이

'주식투자로 전 재산 잃어'

'도박 중독으로 빚 떠안아, 결국 자살'

'성적 비관, 아파트 옥상에서 투신'

우리가 도박에 빠지는 이유는 선택에 대한 결과가 바로 나오기 때문이고, 공부 때문에 소중한 인생을 스스로 던져버리는 이유는 결과가 바로 나오는 일이 아니기 때문이다. 빠르게 결과를 보고 싶다는 욕망이 우리를 공부에서 멀어지게 하거나 삶을 쉽게 포기하게 한다. 결과가 바로 나오지 않는 일은 아이들을 지루하게 만든다. 서둘러 바르게 교육하지 않으면 아이는 이런 성격을 가진 사람으로 성장하게 될 것이다.

'모든 것을 한 번에 해결하려고 한다.'

'시작만 하고 끝을 보지 않는다.'

'일을 벌려놓기만 한다.'

이런 성격을 가진 사람에서 벗어나, 최선을 다해 노력하고 결국 끝까지 해내는 아이로 키우려면 시작과 중간 그리고 끝맺음의 중요성에 대해서 알려줘야 한다. 어른도 그렇지만, 아이들은 특성상 어떤 일을 끝까지 마무리하기 쉽지 않다. 여기저기에 관심이 많고, 집중력이 떨어지기 때문이다. 하지만 그런 특성은 반드시 어릴 때 잘 잡아줘야 한다. 어릴 때 가진 특성이 성인이 될 때까지 이어지며, 그 특성은 그 사람의 생각과 말까지 지배하기 때문이다.

나는 처음 만나는 사람이라도, 10분만 대화를 나누면 그 사람이 지난 10년 동안 어떻게 살아왔는지 짐작할 수 있다. 그들의 말과 행동이 어떤 생각으로 삶을 보내왔는지 생생하게 보여주기 때문이다. '무슨 일을 해도 잘 마무리하지 못하는 사람'이라고 쉽게 짐작되는 사람은 사회생활을 하기도 쉽지 않다. 다음 행동이 예상되는 사람에게는 어떤 신비감도 존재하지 않고, 예측 가능하기 때문에 거래나 제안에서도 능력을 발휘할 수 없다. 부모가 자신의 삶을 통해서 일상에서 이루어지는 시작과 중간, 그리고 끝맺음의 중요성을 보여줘라. 끝만 중요한 게 아니라, 절실했던 시작과 힘들었던 중간의 과정까지 모두 나의 것이라는 사실을 알게 하라. 그 감정을 아는 아이는 무엇도 포기하지 않고 끝까지 최선을 다하는 사람으로 성장할 것이다.

인생에서 저절로 이루어지는 일은 없다

아이들이 가장 좋아하고 주변에서 쉽게 볼 수 있는 곤충이 바로 개미다. 아이와 함께 개미가 자주 나타나는 곳에 가서 세심하게 관찰하라. 만약 특이한 점이 보이지 않으면 과자 부스러기를 가져가 개미를 유인해도 좋다. 아이는 개미가 부스러기를 들고 이동하는 모습을 보며, '부지런하다' '자기 길을 안다' '협동할 줄 안다' '시작한 일은 반드시 끝낸다' 등을 느낄 것이다.

개미는 무거운 먹이를 들고 자신이 정한 경로로 질서 정연하게 이동한다. 중간에 지치면 다른 개미와 교대하거나 도움을 구한다. 하지만 중요한 건, '절대 중간에 멈추지 않는다'는 사실이다. 아이가 개미를 충분히 관찰하게 한 후에, 다음 글을 필사하게 하라.

개미는 죽은 곤충을 발견하면,
감당할 수 없는 크기라도 일단 끌고 간다.
힘이 들면 주변 동료에게 도움을 요청해서
반드시 목적지까지 먹이를 끌고 간다.
개미는 한 걸음 또 한 걸음 앞으로 나가며
마침내 목적지에 도착한다.
나는 앞으로 많은 일을 맡게 될 것이다.

그때마다 나는 이 사실을 기억해야 한다.

인생을 살며 저절로 이루어지거나,

한 방에 해결되는 일은 없다.

내가 시작하고 내가 끝내야 한다.

그래야 비로소 그것을 '나의 것'이라고 부를 수 있다.

공부에 대한 의지를 끌어올리는 교육법

"내가 아는 전부는, 내가 아무것도 모른다는 사실이다."

소크라테스가 남긴 말이다. 그의 모든 철학과 사상을 제대로 이해하기 위해서는, 그가 남긴 말에 담긴 본질적인 의미를 파악할 수 있어야 한다.

하루는 그의 집에 친한 친구가 찾아왔다. 그런데 아내의 표정이 심상치 않았다.

'무엇 때문에 아내의 기분이 안 좋은 걸까?'

아무리 생각해도 아내가 화를 내는 이유를 알 수 없었던 그는, 고민을 멈추고 친구와의 대화에 집중했다. 시간이 지나도 아내의 화는 가라앉지 않았다. 주변을 어슬렁거리며 화를 내는 등 온갖 소란을 피웠다. 하지만 그는 아내가 표출하는 분노를 마음에 담지 않았다. 오히려 아무 일도 없다는 표정으로 친구와 나누던 대화에 열중했다.

바로 그때, 아내가 갑자기 커다란 물통을 들고 거실에 들어오더니 그의 머리에 물을 쏟아버렸다. 도저히 이해할 수가 없는 상황이었다. 가장 놀란 사람은 황당한 상황을 처음부터 지켜본 그의 친구였다. 하지만 소크라테스는 수건으로 천천히 물을 닦아 내며 친구에게 이렇게 말했다.

"여보게, 친구! 너무 놀라지 말게. 천둥이 친 후에는 반드시 소나기가 내리는 법이라네."

이 한마디에 친구는 손뼉을 치며 유쾌한 웃음을 터뜨렸다.

무엇이 느껴지는가? 모든 공부에는 '내게 주어진 환경을 극복하려는 강력한 의지'가 담겨 있어야 한다. 주어진 환경을 극복하려는 의지가 없는 공부는 인간의 정신을 썩게 하기 때문이다. 소크라테스는 친구에게 창피할 수도 있는 최악의 상황에서도 화를 내거나 수치스러워 하지 않고, 오히려 이 상황을 관조하고 긍정적으로 생각했다. 수치심보다는 '배움'을 선택한 것이다. 우리가 겪는 모든 상황에는 배움이 존재한다. 소크라테스는 그것을 늘 기억하며 실천했다.

물론 가장 중요한 건 아이를 가르치기 전에, 부모가 먼저 이 질문에 답할 수 있어야 한다는 사실이다.

"인간이 배우는 이유는 무엇인가?"

공부에 대한 의지를 바로 서게 하려면 어떻게 해야 할까?

인터넷을 검색해보면, 공부에 대한 의지를 불타오르게 하는 글을 많이 찾을 수 있다. 그런데 문제는 그것들이 대게 사람의 자존심과 성격을 자극하는 말이라는 사실이다. '자극'은 굉장히 위험하기 때문에 조심스럽게 다뤄야 한다. 서툰 자극은 한 사람의 삶을 송두리째 바꿔버릴 수도 있기 때문이다. '자극'을 주기보다는, '자세'를 바꿔줘야 한다.

독서도 마찬가지다. 책을 읽지 않고는 공부를 할 수 없다. 독서는 공부의 기본이다. 물론 많은 사람이 독서의 중요성을 인식하고 있다. 하지만 나는 여전히 부족하다고 생각한다. 책을 대하는 자세부터 바꿔야 한다.

이런 식의 질문을 하는 사람이 많다. "휴가에 읽을 책 한 권만 골라주세요." "최고의 책을 한 권 고른다면, 어떤 책을 고르시겠습니까?" 그럴 때면, 나는 속으로 이런 생각을 한다.

'휴가 기간 동안 당신은 한 끼만 먹을 것인가? 밥은 세 끼를 챙겨 먹으면서, 왜 책은 한 권만 골라 달라고 말하는가?'

물론 책을 읽는 그 자체는 아름답다. 최고의 책을 한 권 골라달라고 말하는 그 의미도 알고 있다. 하지만 질문의 방향이 틀렸다. 이건 다른 게 아니라 완전히 틀린 거다. 음식은 몸을 위한 양식이고, 책은 마음을 위한 양식이라는 사실을 기억해야 한다. 눈을 즐겁게 하는 화려한 음식도, 인당 100만 원이 넘는 고가의 음식도, 한 끼로 평생을 배부르게 할 수는 없다. 책도 마찬가지다. 하루에 세 번 식사하는 것처럼, 책도 정기적으로 마음에 공급해줘야 한다. 그게 우리가 할 수 있는 마음에 대한 최소한의 예의다.

'왜 공부를 해야 하는가?'에 대한 확고하고도 올바른 의지를 갖춘 후에는, 반드시 공부의 기본이 되는 독서에 대한 올바른 인식을 가질 수 있게 교육해야 한다. 소크라테스가 남긴, '내가 아는 전부는, 내가 아무것도 모른다는 사실이다'라는 말이, '지식을 쉽게 얻으려는 마음'과 '가볍게 바라보는 마음'을 사라지게 해서 독서와 공부의 질을 높이려는 그의 열망을 담은 문장이라는 사실을 깨우쳐야 한다.

인간이 배우는 이유는 무엇인가

공부에 대한 의지를 바로 서게 하려면 어떻게 해야 할까? '공부는 왜 하는가?'라는 질문에 답할 수 있는 확실한 무언가를 가슴에 품고 있어야 한다. 그게 바로 자기 주도 학습의 시작이자, 확실한 목표를 세운 사람의 모습이다. 하지만 많은 아이가 현실에서 겪는 수많은 부정적인 상황을 이유로 들어 공부를 거부한다.

소크라테스는 위대한 삶을 살았지만, 좋은 환경을 타고나지는 않았다. 아버지는 석공, 어머니는 산파였다. 게다가 세계 최악의 악처와 살면서 보통 사람이라면 수치심을 느낄 수밖에 없는 상황을 자주 겪어야 했다. 하지만 그는 환경에 지배당하지 않고, 배우겠다는 의지로 모든 상황을 아름답게 극복해냈다.

무슨 일이든, 그것에서 무언가를 배우겠다는 강력한 의지가 중요하다. 아이가 이 글을 필사하게 하라.

그대가 천사면 주변이 천국이고,
그대가 악마면 주변이 지옥이다.
주변이 지옥이기 때문에
악마로 살게 되었다고 말하는 사람도 있다.
그럼, 나는 더 이상 할 말이 없다.

환경을 개선하지 못하고
평생 지배를 당하며 산다면,
인간이 배우는 이유는 무엇인가?
유혹을 이겨낼 수 있다고 생각하며,
스스로 좋은 환경을 쟁취할 수 있다고 믿자.
그 믿음이 바로 기적의 시작이다.

아이의 자존감을 높여주는 인문학

아이가 시험에서 좋은 성적을 받으면 부모의 기분도 덩달아 좋아진다.

"이번엔 영어가 100점이네, 우리 애기 정말 잘했어요!"

물론 잘하는 것도 중요하다. 하지만 아이의 자존감을 중시한다면, 세상이 정한 '잘하는 부분'이 아니라, 내면이 인정한 '다른 부분'에 집중하는 게 좋다. 가령 영어로 전교 10등을 하는 것보다, 많은 사람이 모인 장소에서 의견을 하나로 모으는 능력이나, 책을 읽고 반드시 실천하는 능력 등 우리가 쉽게 할 수 없는 내면의 힘이 필요한 다른 부분에서 자기 능력을 발휘하는 게 중요하다. 그걸 발견하고 격려하는 건 부모의 몫이다.

'아이는 부모가 생각한 만큼 자란다.'

많은 사람이 서 있는 곳에 있는 아이는 경쟁하며 살 것이고, 홀로 선 아이는 공존하며 살 것이다. 우리가 홀로 설 수 있는 이유는, 경쟁하지 않기 때문이며, 그런 삶을 사는 아이는 필연적으로 강한 자존감을 지니며 자신의 존재를 기쁘게 생각하며 살게 된다.

독일 작가 헤르만 헤세는 《데미안》에서 이렇게 말했다. 부모는 아래 제시한 문장을 깊이 사색하며 읽고, 아이에게 필사하게 하라.

> "한 마리의 새가 새로서 태어나려면, 먼저 그 알의 딱딱한 껍질을 부수고 나와야 한다."
>
> – 헤르만 헤세, 《데미안》

정말 자주 들었던 문장이다. 이 문장에서 중요한 건, '새가 새로서 태어나려면'이라는 부분이다. 껍질을 부수지 못한 새는 알로 남게 되지만, 부수고 나오면 마침내 새로 성장해 자신의 존재를 세상에 알릴 수 있게 된다.

아이의 삶도 마찬가지다. 단계마다 자신을 가두고 있는 틀을 깨면 더 멋지게 성장할 수 있다. 이때 틀을 깨는 본질적인 힘으로 작용하는 게 바로 자존감이다. 내 생각을 믿고 그것을 삶에서 실천할 수 있는 아이는 자신을 가두고 있는 단단한 틀을 깰 수 있기 때문이다.

아이에게 그런 탄탄한 자존감을 선물로 주고 싶다면 목적에 걸맞는 부모의 말이 필요하다. 부모의 잘못된 말이 아이의 자존감을 망치기 때문이다.

여기 한 아이가 있다. 아이는 키보다 조금 낮은 돌덩이 위로 올라가기 위해, 발밑에 작은 돌과 나무를 쌓는다. 하나씩 하나씩, 정말 조금씩 쌓아서 오른다. 있는 힘을 다했지만, 안타깝게도 아주 조금의 차이로 오르지 못할 때가 많았다.

하지만 가장 낮은 부분을 공략해서 수없이 시도한 끝에 결국 오른다. 원하던 높은 돌덩이 위에 오른 후, 아이가 가장 먼저 찾는 건 부모다.

"제가 여기에 올라왔어요!"

아이의 표정은 희망에 가득하지만, 부모는 절망한 얼굴로 아이를 바라보며 말한다.

"위험하게 거긴 왜 올라가! 이 말썽꾸러기야!"

많은 부모가 바라는 건 아이의 자존감이다. 그런데 아이의 자존감을 망치는 건, 바로 부모의 사소한 표현이다. 위험하게 오른 결과가 아닌, 최선을 다해 오른 과정을 칭찬하고 격려하는 게 우선이다. 돌을 쌓고, 낮은 부분을 관찰하고, 반복해서 시도한 과정을 봐야 한다. 부모가 과정을 보고 격려하면 아이는 과정의 소중함을 알게 될 것이고, 세상에서 가장 귀중한 노력의 의미를 깨우칠 것이다. 세상의 모든 단어는 배우는 게 아니라 깨우치는 것이다. 깨우친 단어만 가슴에 남는다.

자존감이 높은 아이는 자신의 생각과 감정, 자신이 선택한 원칙을 실천하는 삶을 산다. 그래서 혼자 놀 때 지켰던 공정한 룰을 함께 있을 때도 지키게 하라는 것이다. 이를 통해 아이는 자신의 생각과 감정에 집중할 수 있게 된다. 그리고 함께 놀 때 배운 타인의 삶의 자세를 혼자 있을 때 실천하면서, 타인의 의견을 받아들이는 바른 자세를 배울 수 있게 된다. 세상 누구보다 든든한 내면으로 강한 자존감을 가진 사람으로 성장하게 된다.

혼자의 힘으로 당당하게 서라

부모는 아이가 혼자 놀면 "우리 아이가 사회성이 떨어지는 게 아닌가?"라고 생각하며 불안한 마음을 감추지 못한다. 전혀 걱정할 필요가 없다. 오히려 아이가 혼자 노는 데 익숙하게 해야 한다. 혼자 잘 노는 아이는 약한 아이가 아니라, 강한 내면을 가진 아이이다. 물론 함께 노는 것도 필요하다. 평생 혼자만 놀게 놔두라는 이야기는 아니다.

다음 문장을 가슴에 품고 아이를 대하라.

아이가 혼자 놀 때 지켰던 공정한 룰을
함께 놀 때도 지키게 하라.
그리고 함께 놀 때 배운 삶의 자세를
혼자 놀 때 실천하게 하라.

혼자 노는 것과 함께 노는 것은 하나로 어우러져야 한다. 그래야 아이가 강한 자존감을 가질 수 있고, 혼란스럽지 않게 자기 길을 걸을 수 있다.

반드시 기억해야 할 게 하나 있다. '자신감'과 '자존감'을 구분하는 것이다. 자신감과 자존감을 비슷한 의미의 단어라고 생각하는 사람이 많은데, 두 단어의 본질은 서로 정말 다르다. 일단 자신감의 크기는 쉽게 변한다. 어제 칭찬을 받고 충만한 자신감은 오늘 받은 지적에 금방 사라진다. 세상이 정한 수치나 성적, 칭찬과 격려에 반응하는 것이 자신감이라면, 자존감은 내면이 스스로 결정하며 형성된다. 자신감은 매일 바뀌지만 자존감은 스스로 제어할 수 있기 때문에 변하지 않고 그 사람을 지켜준다.

자신감이 아닌 자존감으로 자신을 지켜낼 수 있는 아이로 키우고 싶다면 아래 글을 필사하게 하라.

내가 홀로 당당하게 설 수 있을 때,
비로소 다른 사람의 손을 잡아줄 수 있다.
그리고 나는 그들의 손을 잡았을 때 느낀 온도를
홀로 있을 때도 기억할 것이다.

과자 하나로 키우는 아이의 자제력

게임 중독, 과자 중독, 텔레비전 중독 등 세상에는 아이를 망치는 온갖 중독이 존재한다. 중독은 곧 돈으로 연결되기 때문에 수많은 기업에서 눈에 불을 켜고 "어떻게 하면 아이들을 중독시킬 수 있을까?"를 고민하는 게 현실이다. 각종 규제도 필요하고, 기업에 최소한의 도덕성을 요구할 수도 있지만, 그건 우리가 제어할 수 있는 부분이 아니다. 자기 이득을 위해서만 살아가는 이 무서운 세상에서 내 아이를 보호하기 위해서는 아이 스스로 자제력을 가질 수 있게 해야 한다. 부모가 없는 곳에서도 부모가 있을 때처럼 말하고 행동하고 참을 수 있어야 한다.

'자제력' 하면 생각나는 인물이 한 명 있다. 바로 자제력의 대가, 칸트다. 그를 떠올리면 생각나는 게 '산책'이다. 칸트는 왜 산책을 자주 했을까?

모든 행동에는 이유가 있다. 그를 있게 한 경쟁력의 본질을 알고 싶다면, 그가 가장 자주 반복한 행동에서 이유를 찾아내야 한다. 아마도 '건강'과 '사색' 그리고 '관찰'을 위한 행동이었을 것이다. 하지만 나는 최근에 그 모든 것을 하나로 묶는 연결점을 찾아냈다.

바로 '자제력'이다.

그는 자신의 삶을 제어하기 위한 방법으로 산책을 선택했다. 그가 산책하는 모습을 보면 정확한 시각을 알 수 있을 정도로, 그는 시계처럼 정확한 사람이었다. 말은 쉽지만 행동은 어렵다. 20분만 일찍 나오면 뛰지 않고 편안하게 출근할 수 있는데, 늘 더 자고 싶은 마음에 져서 집에서 늦게 나와 급하게 뛰어가는 출근길 직장인의 모습이 그것을 증명한다. 누군가에게 '이 사람은 정말 정확한 사람이야'라는 생각을 심어주고 싶다면, 강인한 정신력이 필요하다.

이제 삶에서 자제력을 기를 수 있도록 하라. 아이들이 가장 먼저 빠지는 중독이 무엇일까? 바로, '과자'다. 아이를 기를 때 가장 힘든 것 중 하나가 과자와 각종 탄산음료, 길거리 음식 등의 유혹이다. 하지만 반대로 부모를 가장 힘들게 하는 곳에 아이를 가장 완벽하게 바꿀 방법이 존재한다. 가장 강력한 것을 제어할 줄 알게 되면, 자기 삶의 가장 사소한 것부터 스스로 제어할 수 있고 세상의 유혹으로부터 자유를 얻을 수 있게 된다. 다음 과정을 통해 그 능력을 기르게 하라.

1. 수량을 정해라

아이가 과자를 달라고 보채면, "그럼, 과자 5개 줄게(숫자는 알아서 조절하라. 될 수 있으면 10개 이하가 좋다.)"라고 말한 후, 작은 접시에 예쁘게 담아 줘라. 너무 큰 접시에 담으면 과자가 적어 보이니 적당하게 담을 수 있는 접시를 준비하라. 처음부터 너무 많이 주는 것은 안 좋다. 한 번 준 과자의 양을 줄이기는 힘들다는 사실을 기억하자.

2. 비교할 수 없게 하라

아이가 유치원이나 학교에 다니게 되면 피하기 힘든 난관에 부딪히게 된다. 친구들을 핑계의 이유로 대는 일이다. "친구들은 과자를 엄청 많이 먹어요. 저도 그렇게 먹고 싶어요"라고 말하며 더 많은 과자를 요구하게 된다. 그럴 때면 아주 자연스러운 표정으로, "그래, 그럼 이번에는 특별히 과자를 7개 줄게. 행운의 7, 어때? 엄청 많지?"라고 말하며 바로 과자를 접시에 담아 줘라. 이렇게 상황에 따라 과자를 조금 더 줘야 할 때가 있으니 1번에서 언급한 것처럼 처음부터 많이 담아주지 않는 게 좋다.

3. 습관이 되게 하라

과자를 통해 자제력을 키우는 방법을 말로만 들으면 아이와 장난을 치는 것처럼 느껴지고, '과연 이런 방법이 통할까?'라는 의문이 생길 수도 있다. 하지만 습관처럼 무서운 건 없다. 늘 5개만 먹던 아이에게 7개는 엄청나게 많은 양이다. 중요한 건 지속적으로 5개를 줘야 한다는 사실이다. 기분에 따라 숫자가 변하면 안 된다. 부모의 기분에 따라 아이의 기분도 변하게 될 것이다.

4. 봉지 과자를 주라

박스에 담긴 과자는 하나라도 사이즈가 매우 크기 때문에 칼로리가 높다. 보통 박스에 담긴 고가의 과자가 고급이라는 생각을 하는데, 과자는 일단 적게 먹이면 먹일수록 좋은 간식이다. 세상에 몸에 좋은 과자는 없다. 부피가 큰 봉지 과자를 주는 게 좋다. 최대한 적은 양을 먹이면서, 아이의 자제력을 기를 수 있게 하는 데 그 목적이 있음을 기억해야 한다.

위의 과정을 반복하면 아이는 과자를 제어할 수 있게 될 것이다. 중요한 건 제어의 대상이 과자에서 아이의 일상으로 퍼져나간다는 사실이다. 쓸데없는 곳에 시간을 소비하지 않게 될 것이고, 게임 중독에 빠지지 않을 것이고, 누가 봐도 믿을 수 있는 아이가 될 것이다.

만약 이런 과정을 거쳤음에도 자제력 교육이 잘 되지 않는다면, 자신에게 이런 질문을 던져보는 게 좋다.

"대체 왜 자제력 교육을 실천하지 못하는 걸까?"

답은 간단하다. 부모가 그것을 실천할 의지와 능력이 없기 때문이다. 무엇을 가르치든 부모가 가장 먼저 실천해야 한다. 과자를 통해 완성하는 자제력 교육 역시 포인트는 부모에게 있다.

"엄마는 한 봉지를 다 먹으면서 왜 나는 5개만 줘!"라는 말이 나오지 않도록 주의해야 한다. 결국 아이는 부모를 보고 배운다. 먹는 것을 좋아하는 부모의 아이는 비만에서 벗어나기 힘들다. 먹기는 쉽고, 자제는 어렵기 때문이다. 옆에서 부모가 늘 무언가를 먹고 있다면, 아이는 더욱 자신을 제어하기 힘들어진다. 아이를 힘들게 하지 말자.

이번에는 부모가 소리 내어 읽고 필사하라.

> 내가 통제하지 못한 감정은 결국 나를 향한 분노로 바뀌고, 내가 통제하지 못한 음식은 결국 나를 아프게 하는 살로 바뀌고, 내가 통제하지 못한 중독은 결국 나를 마음대로 움직여 망가뜨린다. 나를 통제하는 것이 내 아이와 세상을 통제하는 것이다.

추가로 모든 교육이 완벽하게 이루어지기를 바란다면, 아이와 함께 부의 의미에 대해 한번 생각해보는 시간을 가져보는 게 좋다. '검소하다는 것은 무엇인가?'에 대해 먼저 아이와 이야기를 나누라. 아이의 생각을 충분히 들은 이후, 검소하다는 것의 아름다움에 대해 이렇게 말해주자.

"검소한 사람이 매력적인 이유는, 그가 단순하게 돈을 아껴 쓰기 때문이 아니라, 자신에게는 최대한 아껴 쓰지만 그 돈이 필요한 가난한 자에게는 아끼지 않고 베풀기 때문이다. 더 많은 사람에게 베풀기 위해 검소하게 살 때, 그 사람은 가난해질수록 빛난다."

모든 부는 사람의 자제력을 잃게 한다. 하지만 검소함의 아름다움을 아는 아이는 다르다. 세상에서 가장 빛나는 사람이 되기 위해 어떻게 행동해야 하는지 알고 있으니까.

견딜 수 없으면 아무것도 얻을 수 없다

칸트가 위대한 철학자가 될 수 있었던 가장 결정적인 힘은 그의 강인한 자제력에 있었다. 산책으로 자기 삶을 제어할 근본적인 힘을 길렀고, 이를 토대로 수많은 일을 완벽하게 해냈다. 모든 삶의 근본이 될 자제력을 내 아이에게 이식하고 싶다면, 다음 글을 필사하라. 이번에는 좀 길고 깊다. 부모와 함께 필사하며 행동해야 뜻을 이룰 수 있을 것이다.

나는 거친 분노에도 웃으며 답한다.
자극을 받아도 품위를 잃지 않을 것이고,
유혹의 꾐에 빠지지 않을 것이다.
나는 무엇이든 견딜 수 있는 사람이다.
무엇도 견딜 수 없는 사람은 아무것도 얻을 수 없다.
겨울을 견딘 자만이 봄을 맞이할 수 있다.
무지개를 볼 수 있는 자격은
비를 맞은 사람에게만 허락된다.

아이의 삶을 지켜줄 '진짜 자존감'이란 무엇인가

놀이터에서 다섯 살 정도의 아이가 부모와 함께 그네를 타고 있었다. 옆에서는 초등학생 아이가 '나도 그네 타고 싶다'라는 눈빛으로 그네 타는 아이를 보고 있었다. 하지만 부모와 아이는 아무런 반응이 없었다. 아이는 웃으며 그네를 타고 부모는 그 모습을 사진으로 남기기 바쁘다. 그렇게 10분 정도 지났다. 초등학생 아이가 "나 그네 타고 싶은데, 너 언제까지 탈거니?"라고 물었다. 아이는 웃기만 하고 말이 없다.

그제서야 부모는 아이에게 "○○아, 여기 언니가 그네 타고 싶다네. 그네 계속 탈 거야?"라고 물었다. 하지만 아이는 웃으며 계속 그네를 탄다. 그러자 초등학생 아이가 "나 학원 가야 해서 그네 조금만 타면

돼. 나 좀 타자" 하며 사정했다.

하지만 부모는 질문의 방향을 바꾸지 않는다.

"언니가 그네를 타고 싶다는데, 계속 탈 거니?"

아이는 여전히 웃으며 계속 탄다고 답한다.

30분 정도 기다리다 지친 초등학생 아이는 그네를 타지 못하고 피아노 학원으로 뛰어가버렸다.

나는 그 모습을 계속 지켜보며 이런 생각이 들었다.

'진짜 자존감이란 무엇을 말하는 걸까?'

'타고 싶을 때까지 계속 타는 게 당당한 걸까?'

'부모는 아이에게 어떤 말을 해야 했을까?'

그네를 밀어주던 부모의 모습을 보며, 어떤 부모들은 자존감이란 '내 의견을 당당하게 주장하고 타인의 의견에 굽히지 않는 마음을 끝까지 유지하는 능력'이라고 생각할 수도 있다. 특히 아이들 교육에서는 더욱 그렇다. 물론 아이들이 자신을 소중하게 생각하는 것은 매우 좋은 일이다.

하지만 그것이 '독단'이나 '독선'으로 흐르면 나중에 성인이 된 후에 사는 게 너무 힘들어진다. 독단, 독선적으로 자란 아이는 훗날 친구, 동료, 크게는 단체와 기업 간의 협업을 할 줄 모른다. 또한 도움을 요청하는 방법과 요청에 대처하는 방법도 모른다. 타인의 마음을 이해하지 못하므로 의사소통에 문제가 생긴다. 대중의 마음을 모르기 때문에 대중적인 콘텐츠를 만들지 못한다.

자존감이 약한 아이는 무엇을 보고 듣고 배워도 그걸 자기만의 것으로 만들지 못한다. 자존감이란 자기 자신을 사랑하는 마음인데, 그게 약하니 무엇 하나 제대로 작동하지 않기 때문이다. 자존감이 약한 아이에게 강한 자존감을 심어주고 싶다면, 배려와 사랑의 가치를 알려주는 게 좋다. 진짜 멋진 자존감을 가진 사람은 강한 내면으로 타인을 배려하는 삶을 산다. 타인의 의견을 무시하고 강하게 억압하는 사람은 오히려 자존감이라고 부를 만한 게 없는 연약한 내면의 소유자일 가능성이 높다. 자존감이 강한 사람이 오히려 더 많이 양보할 수 있고, 타인의 의견에 공감하며 귀를 기울일 수 있다. 내 아이가 앞으로 살면서 자존감이 강한 사람만이 누릴 수 있는 특권을 여유롭게 즐기기를 바란다면, 그네를 타고 있을 때 이렇게 말하는 게 좋았을 것이다.

"언니가 곧 학원에 가야 하니까, 잠시만 양보하고 기다렸다가 언니가 학원에 가면 다시 타는 게 어떨까?"

"언니가 많이 기다렸으니 우리가 좋은 마음을 보여주는 게 어떨까?"

이기려고 하지 말고, 함께하려는 마음을 가르치자. 사람과 사람 사이에 더 많은 꽃을 피우게 한 아이가 더 근사한 자존감을 가질 수 있다. 올바른 자존감이란 '내가 이 세상을 사랑한 기록'이니까.

내가 소중한 만큼, 타인도 소중하다

정리해보자. 앞서 조금 소개했지만 그네를 밀어주던 아이의 부모가 결정적으로 실수한 건 질문의 방향에 있다. 아이가 그네에서 내려올 수 없게 만드는 질문만 던졌다. "계속 탈래?"라는 질문에는 100% 아이의 의견만 존중하겠다는 의도가 숨어 있다. 타고 싶으면 그냥 계속 타라는 거다. 그럼 아이는 특별한 일이 생기지 않는 한 그네에서 내려오지 않는다.

"계속 탈래?"가 아니라, "언니가 학원에 빨리 가야 한다고 하니까, 우리 지연이가 3분만 다른 데서 놀면 어떨까?"라고 물어서, 아이가 자신의 욕구를 버리고 언니에게 자리를 양보할 수 있도록 질문을 던졌어야 했다. 이런 식으로 다양한 질문을 통해 부모는 아이의 행동 변화를 유도할 수 있었다. 부모는 아이에게 자제력과 양보하는 마음을 가르칠 기회를 놓친 셈이다.

물론 그런 식의 질문은 아이의 반대에 부딪힐 수도 있다. '싫어, 나 그네 더 타고 싶단 말이야!'라는 응수를 좋은 방향으로 돌리고 싶다면 이런 문장을 읽고 쓰면 좋다,

내 시간이 소중한 만큼,
친구의 시간도 소중합니다.

충분히 행복할 정도로 무언가를 즐겼다면,
친구의 행복도 생각해서
양보할 필요가 있지요.
나도 언젠가 친구처럼
누군가의 양보를 기다릴 수도 있으니까요.

1 딴짓은 나를 발견하는 시간이다. 내가 가장 좋아하는 일이 무엇이고, 그 일을 어느 장소에서 할 때 가장 좋아하는지, 그때 내 표정과 느낌은 어떤지, 그 모든 과정을 발견하는 시간이다. 내 아이가 언제나 즐겁게 딴짓을 할 수 있게 돕자. 이것이야말로 가장 근사한 꿈 교육이며 진로 상담이다.

2 인터넷을 검색해보면, 공부에 대한 의지를 불타오르게 하는 글을 많이 찾을 수 있다. 그런데 문제는 그것들이 대개 사람의 자존심과 성격을 자극하는 말이라는 사실이다. '자극'은 굉장히 위험하기 때문에 조심스럽게 다뤄야 한다. 서툰 자극은 한 사람의 삶을 송두리째 바꿔 버릴 수도 있기 때문이다. '자극'을 주기보다는, '자세'를 바꿔줘야 한다.

3 공부에 대한 의지를 바로 서게 하려면 어떻게 해야 할까? '공부는 왜 하는가?'라는 질문에 답할 수 있는 확실한 무언가를 가슴에 품고 있어야 한다. 그게 바로 자기 주도 학습의 시작이자, 확실한 목표를 세운 사람의 모습이다. 무슨 일이든, 그 과정에서 무언가를 배우겠다는 강력한 의지가 중요하다.

4 '아이는 부모가 생각한 만큼 자란다.' 많은 사람이 서 있는 곳에 있는 아이는 경쟁하며 살 것이고, 홀로 선 아이는 공존하며 살 것이다. 우리가 홀로 설 수 있는 이유는, 경쟁하지 않기 때문이며, 그런 삶을 사는 아이는 필연적으로 강한 자존감을 지니며 자신의 존재를 기쁘게 생각하며 살게 된다.

5 많은 부모가 바라는 건 아이의 탄탄한 자존감이다. 그런데 아이의 자존감을 망치는 건, 바로 부모의 사소한 표현이다. 돌을 쌓고, 낮은 부분을 관찰하고, 반복해서 시도한 과정을 봐야 한다. 부모가 과정을 보고 격려하면 아이는 과정의 소중함을 알게 될 것이고, 세상에서 가장 귀중한 노력의 의미를 깨우칠 것이다. 세상의 모든 단어는 배우는 게 아니라 깨우치는 것이다. 깨우친 단어만 가슴에 남는다.

6 자신감과 자존감을 비슷한 의미의 단어라고 생각하는 사람이 많은데, 두 단어의 본질은 서로 정말 다르다. 일단 자신감의 크기는 쉽게 변한다. 어제 칭찬을 받고 충만한 자신감은 오늘 받은 지적에 금방 사라진다. 세상이 정한 수치나 성적, 칭찬과 격려에 반응하는 것이 자신감이라면, 자존감은 내면이 스스로 결정하며 형성된다. 사랑받고 자란 아이들의 자존감이 높은 이유가 바로 여기에 있다. 자신을 향한 사랑의 크기가 곧 자존감의 강도를 결정하기 때문이다.

7 타인의 의견을 무시하고 강하게 억압하는 사람은 오히려 자존감이라고 부를 만한 게 없는 연약한 내면의 소유자일 가능성이 높다. 자존감이 강한 사람이 오히려 더 많이 양보할 수 있고, 타인의 의견에 공감하며 귀를 기울일 수 있다. 이기려고 하지 말고, 함께하려는 마음을 가르치자.

에필로그

최고의 교육은 부모가 아이를 사랑하는 마음이다

한 소녀가 자기 전에 아버지에게 인사를 하기 위해, 아버지가 글을 쓰고 있는 서재의 문을 두드렸다. 오늘따라 특별히 예쁜 잠옷을 입은 소녀는 "아빠, 굿 나이트!" 하며 대답을 기다렸다. 하지만 아버지는 고개를 돌려 딸의 모습을 바라보지 않는다. 그저 손만 흔들며, "굿 나이트" 하고 건성으로 대답할 뿐이었다. 소녀는 시무룩한 표정으로 돌아서며 생각한다. '오늘도 역시….' 그로부터 수십 년이 지났고, 딸은 병을 얻어 세상을 떠났다. 세상에 홀로 남은 아버지는 그때서야 옛날에 딸의 얼굴을 바라보지 않았다는 것을 후회하며 이런 편지를 썼다.

'어린 시절, 아빠의 사랑을 받고 싶었다던 너의 인터뷰 기사를 읽었단다. 그때 글의 호흡이 끊길까 봐 널 뒤돌아볼 틈이 없었노라고 변명할 수도 있다. 아빠는 가난했고 너무 바빴다고 용서를 구할 수도 있다.

나는 어리석게도 하찮은 굿 나이트 키스보다는 좋은 피아노를 사주고, 너를 좋은 승용차에 태워 사립 학교에 보내는 것이 아빠의 능력이자 행복이라고 믿었다.

하지만 나는 이제야 느낀다. 사랑하는 방식의 차이가 아니라, 나의 사랑 그 자체가 부족했었다는 사실을. 만약 나에게 30초의 시간이 주어진다면, 낡은 비디오테이프를 되감듯이 그때의 옛날로 돌아가고 싶다. 나는 그때처럼 글을 쓸 것이고 너는 엄마가 사준 레이스 달린 하얀 잠옷을 입거라. 그리고 아주 힘차게 서재 문을 열고 "아빠, 굿 나이트!" 하고 외치는 거다. 약속한다. 이번에는 머뭇거리며 서 있지 않아도 된다. 나는 글 쓰던 펜을 내려놓고, 읽다 만 책장을 덮고, 두 팔을 활짝 편다. 너는 달려와 내 가슴에 안긴다. 내 키만큼 천장에 다다를 만큼 널 높이 들어 올리고 졸음이 온 너의 눈, 상기된 너의 뺨 위에 굿 나이트 키스를 하는 거다. 굿 나이트, 잘 자라. 그리고 정말 보고 싶다.'

위에 소개한 아버지는 한국을 대표하는 지성, 이어령 박사이고 딸은 지병으로 세상을 떠난 이민아 교수다. 이민아 교수는 물론 훌륭하게 성장했지만, 이어령 박사는 부모로서 자식에게 뜨거운 사랑을 제대로 전하지 못한 것을 못내 아쉽게 생각했다. 그래서 그런지, 그를 만날 때마다 자식에게 사랑을 완벽하게 전하지 못한 것을 후회하는 부모의 아픈 마음이 느껴진다. 전하지 못한 사랑은 언제나 큰 후회로 남는다.

존 스튜어트 밀과 대문호 괴테, 몽테뉴 등 수많은 대가의 공통점은 어릴 때 부모에게 다양한 교육을 받았다는 사실이다. 그들이 너무 혹사당했다고 생각하며 비난하는 사람도 있지만, 반대로 생각하면 그들의 부모는 아이의 성장을 위한 '골든타임'을 놓치지 않았다. 곁에 있어야 할 때 곁에 있었고, 이야기를 들어줘야 할 때 들었고, 질문이 필요할 때 영감을 줄 수 있는 뛰어난 지적 파트너가 되어주었다. 아이와 시간을 보내기 위해 그들은 잘하고 있던 일을 그만두는 선택도 서슴지 않았고, 모든 환경이 완벽해질 수 있도록 최대한 노력했다. 이 모든 것은 그들에게 돈이 있어서 가능했던 것이 아니라, '사랑하는 마음'이 있었기에 가능했다.

직장에서 인정을 받고, 일하는 분야에서 성장하는 것도 물론 중요하다. 먹고살기 위해 일을 해야 하는 사람이 많은 것도 사실이다. 먹고사는 게 힘든 사람들에게 "당장 직장을 그만두고 아이와 함께 시간을 보내야 합니다"라고 말하려는 것은 아니다. 하지만 이것만은 확실하게 말할 수 있다.

당신이 어떤 분야에서 얼마나 인정을 받고 있든, 어느 순간 일에서 느꼈던 행복감이 사라지고 후회가 밀려오는 순간을 맞이할 것이다. 후회하고 싶지 않다면, 가능한 조금이라도 더 많은 시간을 아이와 함께하며 더 뜨거운 사랑을 전해주려는 노력만이라도 해야 한다. 시간을 더 할애할 수 없다면, 부족한 만큼 더 뜨거워지면 된다. 당신의 피나는 노력과 사랑하는 마음을 아이가 모를 리 없으니까.

부모가 귀찮다고 느끼는 것들, 초등학교에 입학한 아이와 함께 등굣길을 걷는 일도 길어야 2년이고, 이유식을 만들고 기저귀를 갈아주는 일도 길어야 3년이다. 또 궁금한 것을 묻고 또 묻는 아이의 질문에 답해주는 일도 길어야 5년이다. 하지만 이 모든 것을 제대로 해주지 못했다는 자책감과 후회는 평생 사라지지 않는다. 아이에게 있어서 부모가 필요한 시기에 함께 걷고, 식사하고, 질문에 답해주는 것만큼 좋은 교육은 없다.

그런 부모가 되기 위해서는, 일상생활에서부터 변화를 시작해야 한다. "휴가 때 무엇을 할 예정입니까?"라고 물으면, "휴가 기간에는 아무것도 안 하고, 아이들과 즐거운 시간을 보낼 겁니다"라고 답하는 부모가 많다. 일견 아이들을 끔찍이 사랑하는 부모처럼 보일 수도 있다. 하지만 "아무것도 안 하고"라는 말 자체가 틀렸다는 사실을 알아야 한다. 아이들과 즐거운 시간을 보내는 것만큼 위대한 일은 없기 때문이다.

나는 지금 매우 중요한 이야기를 하고 있다. 아이를 위한 생각이라면 한 조각의 생각도 쉽게 지나치지 말자. 생각은 언제나 말에 그대로 담겨 나오기 때문이다. 생각 자체를 바꿔야 한다. 그래야 아이와 함께 시간을 보내는 것이 얼마나 위대한 일인지 스스로 깨닫게 되고, 사랑을 더한 눈빛으로 아이를 바라보며 대화를 나눌 수 있게 된다. 다만 자신을 너무 힘들게 하지는 말라. 당신은 이미 최선을 다하고 있으니까. 그저 그 최선의 사랑을 아이에게 모두 전하기만 하면 된다. 자, 이제 마지막 인생 문장을 낭독하고 쓰면서, 아이에게 있어서 최고의 교육은 '부모의 사랑'이라는 사실을 기억하자.

지금 이 순간도 흐르고 있고,
당신도 모르게 그냥 지나치고 있을지 모르는
아이의 골든타임,
내 아이를 빛나게 할 골든타임을 놓치지 말라.

내면의 힘이 탄탄한 아이를 만드는 인생 문장 100
아이를 위한 하루 한 줄 인문학

1판 1쇄 발행 2018년 12월 12일
개정판 1쇄 발행 2024년 2월 7일

지은이 김종원
펴낸이 고병욱

기획편집실장 윤현주 **책임편집** 김지수 **기획편집** 조상희
마케팅 이일권, 함석영, 황혜리, 복다은
디자인 공희, 백은주
제작 김기창 **관리** 주동은 **총무** 노재경 송민진

펴낸곳 청림출판(주)
등록 제1989-000026호

본사 04799 서울시 성동구 아차산로17길 49 1009, 1010호 청림출판(주)
제2사옥 10881 경기도 파주시 회동길 173 청림아트스페이스 (문발동 518-6)
전화 02-546-4341 **팩스** 02-546-8053
홈페이지 www.chungrim.com **이메일** life@chungrim.com
블로그 blog.naver.com/chungrimlife **페이스북** www.facebook.com/chungrimlife

ISBN 979-11-981614-8-2(13590)